典型草原放牧干扰下的点格局研究

王鑫厅　姜　超　著

科 学 出 版 社

北　京

内 容 简 介

本书是一本系统研究放牧干扰下草原群落种群空间格局方面的图书。全书系统论述了自20世纪80年代以来长期从事过度放牧引起的草原群落退化与恢复演替工作的研究成果，书中包含新方法、新思想、新理论与新认识，代表了我国放牧引起的草原生态系统退化与恢复演替研究的新水平。本书内容包括3章。第1章，点格局，论述了与点格局研究相关的新方法与新认识。第2章，放牧干扰下草原群落的点格局分析，阐述了退化与恢复群落主要种群的格局特征以及种群格局与放牧胁迫下的正相互作用。第3章，放牧干扰下草原群落退化的机理探讨，分析了与草原退化和恢复相关的群落特征、演替进程、植物个体行为及退化演替机理。

本书可供科研、教学单位以及其他相关部门的读者阅读参考。

图书在版编目(CIP)数据

典型草原放牧干扰下的点格局研究 / 王鑫厅，姜超著. —北京：科学出版社，2018.5

ISBN 978-7-03-057139-7

Ⅰ. ①典… Ⅱ. ①王… ②姜… Ⅲ. ①草原-空间结构-研究 Ⅳ. ①S812

中国版本图书馆CIP数据核字（2018）第074404号

责任编辑：刘海晶 / 责任校对：陶丽荣

责任印制：吕春珉 / 封面设计：北京睿宸弘文文化传播有限公司

科学出版社出版

北京东黄城根北街16号

邮政编码：100717

http://www.sciencep.com

北京京华虎彩印刷有限公司印刷

科学出版社发行　各地新华书店经销

*

2018年5月第 一 版　开本：B5（720×1000）

2018年5月第一次印刷　印张：10 1/2

字数：201 000

定价：90.00元

（如有印装质量问题，我社负责调换〈京华虎彩〉）

销售部电话 010-62136230　编辑部电话 010-62138978-2055（BN12）

典型草原放牧干扰下的点格局研究

撰写人员

主要著者：王鑫厅　姜　超

其他著者：王　炜　梁存柱　郃　阳

序

“生态学研究需要记录一个完整的生态过程，需要十年、二十年、三十年，甚至更长时间才能完成，是研究者长期的坚持与坚守。”这是恩师王炜先生生前从事生态学研究时所恪守的准则和追求的目标。正因如此，恩师几十年如一日地从事放牧引起的草原生态系统的退化与恢复演替研究，记录下翔实的演替过程，提出过度放牧引起的草原退化的机理性认识——植物个体小型化。本书所述内容就是在此基础上、从种群格局入手，探讨过度放牧引起的草原生态系统退化与恢复过程中种群格局特征，发现在严重退化群落中存在正相互作用，进而从正相互作用角度诠释了植物个体小型化，从生态学基本理论上回答了“过度放牧为什么会引起草原退化？”这一重要生态学问题。

期望此书能够对广大生态学研究者有所帮助。对于书中存在的不足，希望广大读者朋友和学术界同仁批评指正。

谨以此书纪念我的恩师王炜先生！

王鑫厅

2017年11月

前　言

在过去的几十年里，空间格局的研究已成为生态学领域的热点。空间格局的研究，一方面可以揭示引起格局的生态学过程，另一方面也可以探讨与之相关的生态学理论。而研究空间格局的有效途径是选择合适的统计学方法。在植物生态学中，空间格局的最基本空间数据是在给定的空间范围内确定研究对象（每一物种的每一个个体）的空间位置，也就是对每一个个体在平面坐标系中赋予坐标值，并以点的形式在平面中给出，这就是点格局。基于点格局这样的空间数据，产生了点格局分析的统计学方法，诸如：$K(r)$函数、$g(r)$函数、$O(r)$函数等。在过去的空间格局研究中，绝大多数成果集中在森林生态系统，而对草原生态系统的研究却非常鲜见。本书所述内容，是在典型草原生态系统研究中取得的，这些成果填补了点格局研究在草原生态系统中的空白。

本书共分 3 章，其中，第 1 章、第 2 章由王鑫厅、姜超、郈阳撰写、整理；第 3 章由王炜、王鑫厅、梁存柱撰写、整理。

第 1 章简要介绍了点格局的相关知识；论述了草原群落种群点格局研究的取样方法及重复取样问题；讨论了点格局分析时，不同零模型的使用问题；系统探讨了基于点格局方法的种群邻体密度与空间尺度的关系。这一章凝结了研究者十几年研究工作的创新性成果，对点格局研究具有较重要的价值。

第 2 章简要介绍了研究区域与研究方法，详细分析了过度放牧引起的严重退化草原群落、恢复 8 年草原群落、恢复 21 年草原群落中主要种群的点格局，通过比较严重退化与恢复群落主要种群空间格局的特征，证明了严重退化群落中正相互作用占主导。这一章通过种群空间格局的研究，证明了在过度放牧引起的严重退化草原群落中存在正相互作用，是非常有价值的发现。

第 3 章详细论述了过度放牧引起的严重退化草原的基本特征；详细论述了严重退化草原群落的恢复演替进程和退化与恢复草原群落在演替过程中的植物个体行为，提出了植物个体小型化，通过正相互作用诠释了植物个体小型化现象，从生态学基础理论上回答了“过度放牧为什么会引起草原退化？”这一生态学问题。这一章通过研究团队长达三十几年的定位研究，提出了植物个体小型化是草原退化的机理性环节，通过正相互作用解释了植物个体小型化，从而在生态学基本理论上论证了草原退化的机理。这是本书的核心，也是研究团队取得的最重要成果。

本书所取得的研究成果，得到国家自然科学基金重点基金（30330120）、国家重点基础研究发展计划（973 计划）（2014CB 138802）、中央级公益性科研院所基本科研业务费专项基金（1610332016002）和内蒙古自然科学基金（2011MS 0517、2017MS 0302）的资助，在此表示感谢！

王鑫厅　姜　超

2017 年 11 月

目　　录

第1章　点　格　局

种群空间格局（population spatial pattern）是指种群（植物或其他有机体）个体或者种群斑块在空间的分布状况，这种分布状况通常表现出一定程度的预测性（Dale，1999）。在植物群落中，种群个体不能移动（Turkington and Harper，1979），因此，关于种群空间格局的研究，大都集中在植物种群上。在植物群落中，种群格局通常分为随机分布（random distribution）和非随机分布（no-random distribution）两种类型，而非随机分布根据其偏离随机分布的特点又可分为聚集分布（clumped distribution）和均匀分布（uniform distribution）。这样，在教科书上，一般把种群格局分为3种类型：聚集型（Clumped）、均匀型（Regular）和随机型（Random）（杨持，2008）。

在植物生态学中，生态学家为了了解群落的结构、动态及功能，一般认为可以通过描述种群在空间的分布特征来实现，而这些特征常常和格局的形成过程（如生长、死亡、竞争等）联系在一起，这样，通过格局可以推理其形成过程（Watt，1947；Lepš，1990；Wiegand et al.，2007b）。基于这样的观点，种群格局一直以来都是生态学研究的热点（Watt，1947；Kershaw，1963；Pielou，1968；Galiano，1983；Greig-Smith，1987；Dale and Macisaac，1989；Levin，1992；Ver et al.，1993；Condit et al.，2000；Wiegand et al.，2003，2007b，2009；Wiegand and Moloney 2004；Mcintire and Fajardo，2009；Wang et al.，2010；Diggle，2013）。然而，由于不同的过程可能引起相同的格局（Levin，1992；Barot et al.，1999；Dixon，2002；Wiegand et al.，2003），种群格局与尺度之间又存在密切联系，特定尺度下的空间格局可能存在特定导因（Wiegand et al.，2007b），使定量分析格局及其形成过程成为生态学家的主要目标（Mcintire and Fajardo，2009）。

如何研究种群格局？实际上涉及两方面的内容：一是取样方法，二是基于取样方法的分析方法。在种群空间格局研究过程中，生态学家通常有两种研究方式：

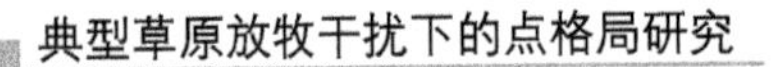

其一，在自然界中，植物种群大都以聚集方式存在（Stoll and Prati，2001），因此以斑块（patch）的形式对待格局，就出现了格局规模（scale）、强度（intensity）和纹理（texture）；其二，因为在大多数情况下，植物种群个体可以看成点（Wiegand et al.，2006），这样可以通过确定种群个体在取样范围内着生点位置坐标来获取格局，这就是点格局。基于这两种处理，种群格局的分析方法经历了长足发展（Ripley，1981；Stoyan D and Stoyan H，1994；Dale，1999；Diggle，2003），以点格局最为突出（Wiegand and Moloney，2004；Diggle，2013；Wiegand and Moloney，2014；Velázquez et al.，2016）。

1.1 点格局的数据与分析

点格局是当前空间格局研究过程中最常用的方法（Velázquez et al.，2016），因为在点格局中可能蕴含着一些关于格局形成机制或过程的重要的生态学信息，这些信息是生态学研究的核心，而提取这些信息成为点格局研究的主要目标。

1.1.1 点格局的数据

点格局数据的基本特征是在一定的取样范围内将研究对象的每一个个体近似看成一个点，并在平面坐标系中给其赋予相应的坐标。这样，研究对象的每一个个体在真实群落中的相对位置就被清晰、客观地刻画出来，这是点格局蕴含重要生态学信息的实质。在此基础上，发展了点格局的统计学方法。

1.1.2 点格局分析

点格局分析的统计学理论是 Ripley（1977）首先提出来的，经 Diggle（1983）进一步发展完善，因其能清楚直观地分析各种尺度下的种群格局（张金屯，1998）而被生态学家广泛应用。在实践中，估计公式为

$$K(r)=\frac{A\sum_{i=1}^{n}\sum_{j=1}^{n}\frac{I_r\left(u_{ij}\right)}{w_{ij}}}{n^2}\quad (i\neq j) \tag{1-1}$$

式中，r——空间尺度，大于 0 且最大值为测定区边长的一半；

A——测定面积；

n——测定区内研究对象（植物个体）的个体总数；

u_{ij}——两个点 i 和 j 之间的距离，当 $u_{ij}\leqslant r$ 时，$I_r(u_{ij})=1$，若 $u_{ij}>r$ 时，$I_r(u_{ij})=0$；

w_{ij}——圆（以 i 为圆心，u_{ij} 为半径）位于区域 A 中的扇形弧长与该圆周长之比，若此圆全部位于区域 A 中，则 $w_{ij}=1$；若部分位于区域 A 中，则 $0<w_{ij}<1$，旨在消除边界效应。

由于 $K(r)/\pi$ 的平方根在表现格局关系时更为有效，在随机分布条件下，其可使方差保持稳定，且与 r 有线性关系，Besag（1977）建议用下式分析种群格局：

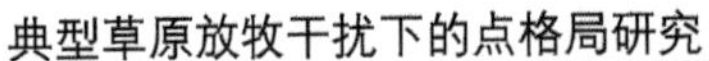

$$h(r)=\sqrt{\frac{K(r)}{\pi}}-r \tag{1-2}$$

实际上，Ripley's *K* 函数是一个累积分布函数，小尺度空间格局的累积会影响较大尺度的空间格局（Wiegand and Moloney，2004）。成对相关函数（the pair correlation function），一般表示为 $g(r)$，源于 Ripley's *K* 函数，克服了 *K* 函数的累积效应，二者之间存在等式关系为

$$g(r)=(2\pi r)^{-1}\,\mathrm{d}K(r)/\mathrm{d}r \tag{1-3}$$

另外，还有源于 $g(r)$函数的 O-Ring 函数[$O(r)$]，$O(r)=\lambda g(r)$（Wiegand and Moloney，2004）。详细介绍见本章 1.3 节和 1.5 节。

1.2 草原群落点格局研究的取样方法

在应用点格局分析种群空间格局时，大多数研究主要集中在森林群落（Law et al.，2009；Velázquez et al.，2016），这是因为在这些群落中原始数据已经获取。然而，对于草原群落，尽管已有大量关于格局的研究（Kershaw，1959a，1959b；Kershaw and Looney，1985；Greig-Smith，1987；Krahulec et al.，1990），可是应用点格局探究种群格局的实例并不多见，这可能是缺乏有效的取样方法获取原始数据所致。在这一节中，我们基于摄影技术以及地理信息系统技术（GIS）设计一种切实可行的取样方法，在此称为摄影定位法（王鑫厅等，2006；Wang et al.，2017）。

1.2.1 数字影像的采集

在草原群落中，选择地表平坦、群落外貌均匀且具有代表性的 5 m × 5 m 的群落片段，用竹筷制成的竹签将其分割成 100 个 50 cm × 50 cm 的亚样方（竹签为亚样方的顶点）。从 5 m × 5 m 群落片段的左下角即第一行开始去除凋落物和立枯物，露出土壤表面，以便在拍摄的影像上准确地识别植物物种以及准确地给每株植物定位。第一行清除完毕，把数码相机（Nikon D100，600 万有效像素）镜头竖直向下架在三脚架（Manfrotto 455B）横向支撑的云台（141RC）上，固定好，相机距地面的垂直高度为 1.75 m，镜头焦距固定在 30 mm 处，焦平面与地面平行。从第一行左端第一个亚样方开始，把取景器中心对准亚样方中心，让亚样方的 4 个顶点（即 4 根竹签）进入取景器，拍摄下亚样方中的全部植物。第一行拍完，清除第二行的凋落物和立枯物，拍摄第二行，依此类推，拍完 5 m × 5 m 的群落片段。将拍完的具有一定顺序的 100 幅 50 cm × 50 cm 的亚样方数字影像导入计算机，并按行列进行编号，以便室内处理。

1.2.2 数字影像的处理

首先，将已经编号的 5 m × 5 m 群落片段的 100 幅亚样方数字影像在 R2V 软件下通过输入控制点（亚样方的 4 个顶点）坐标将其统一到同一坐标系中，控制点坐标见图 1-1。接下来，对每一张亚样方照片内的每一物种分别建立图层，图层为 PROJECT 格式，建完图层后，对每一物种的每一个个体进行数字化，也就是在植物个体的基部添加点。第三步，数据格式转换，把 PROJECT 格式的图层转化为 SHAPE 格式。第四步，借助地理信息系统软件，把 SHAPE 格式的图层打开，获取该图层的属性表，得到亚样方内每个物种的坐标，从而测得 5 m × 5 m 群落片段内每个物种的点格局（图 1-2）。

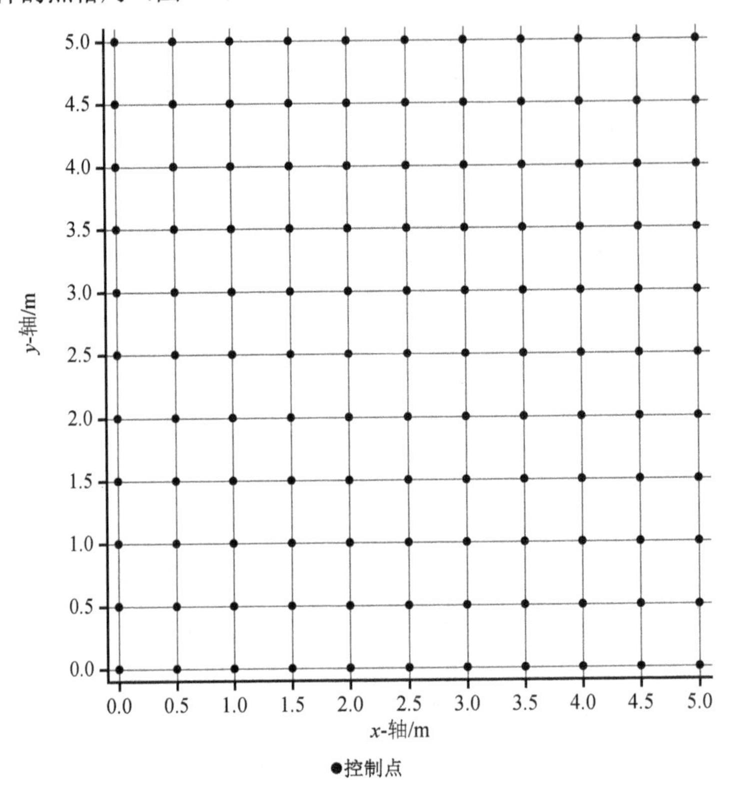

图 1-1　在 5 m× 5 m 群落片内的控制点坐标

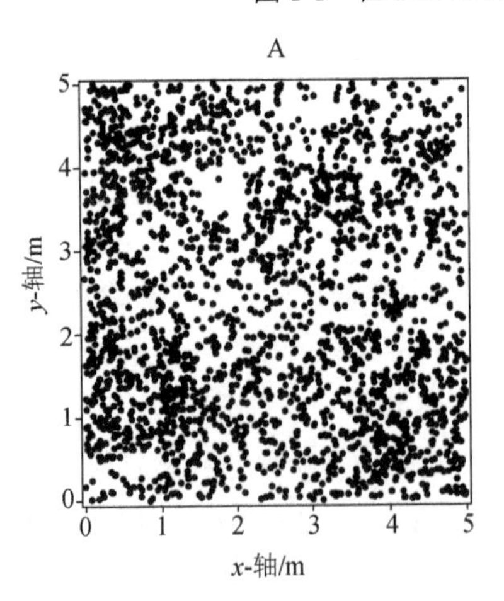

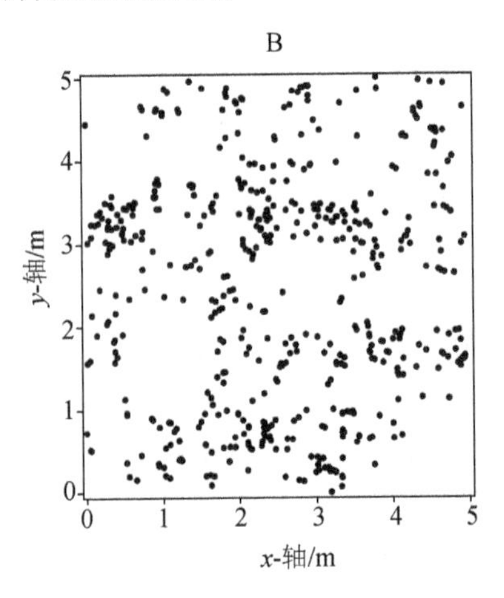

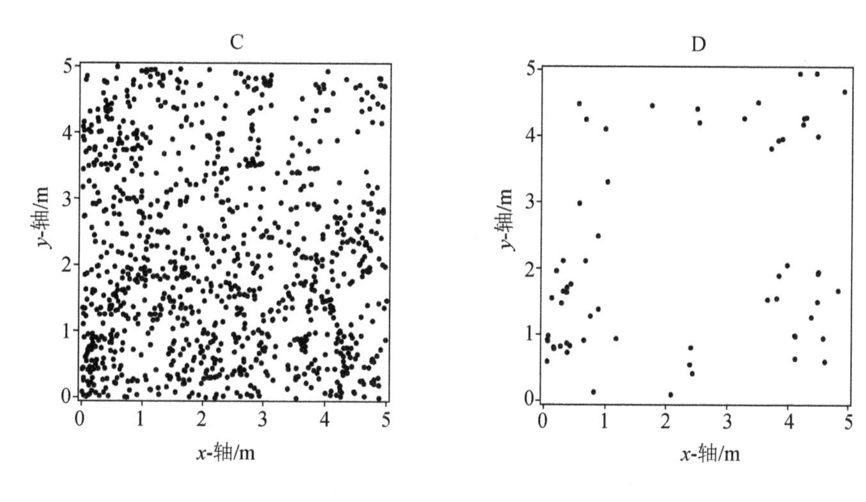

图 1-2 典型草原恢复 8 年群落中主要物种的点格局

A. 羊草；B. 大针茅；C.米氏冰草；D. 糙隐子草

1.2.3 实验数据可靠性检验

为了验证摄影定位法所测得的 5 m × 5 m 群落片段中种群格局数据对实验分析的可靠性，在羊草+大针茅（*Leymus chinensis*+*Stipa grandis*）草原因过度放牧引起的严重退化的群落中，选择地表平坦、群落外貌均匀且具有代表性的 5 m × 5 m 的群落片段，应用摄影定位法和实际测量法对其中的羊草种群个体坐标进行量算，两种方法所得结果见图 1-3。通过完成不同的检验来验证摄影定位法所得数据的可靠性。

首先，检验两种方法测得的种群个体坐标间是否存在显著差异，如果二者之间没有显著差异，则认为摄影定位法所得数据可以接受，但这并不意味着该数据的实验分析结果可靠。接下来，对两种方法测得数据的实验分析结果进行显著性检验，即分别检验两种方法测得数据的成对相关函数 $g(r)$间是否存在显著差异，有关此函数的介绍见本章 1.1 节。之所以检验数据分析结果的可靠性，是因为格局分析与尺度密切相关。如果分析结果在某一尺度上出现显著差异，由此得出的结论的可靠性将大大降低。

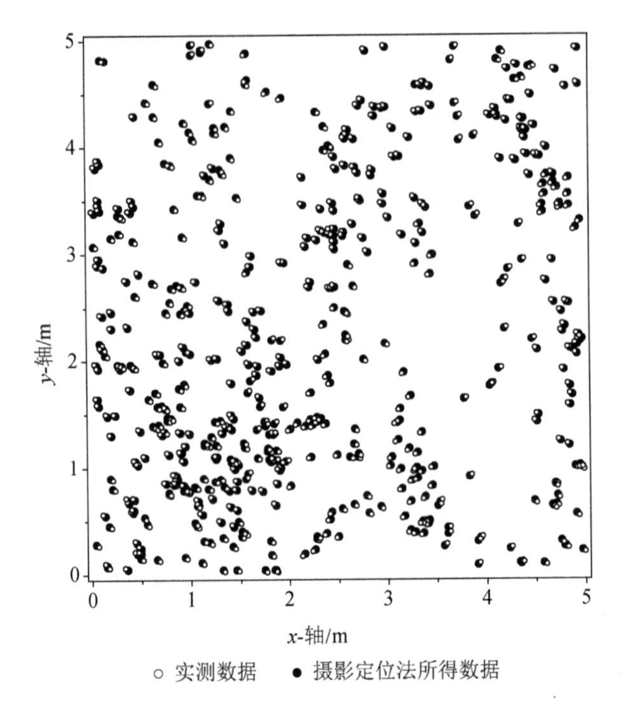

图 1-3　摄影定位法和实际测量法所测数据的位点图

由表 1-1 可以看出，通过摄影定位法和实际测量法所得的横坐标之间（$t=1.628\,0$，$P=0.104\,0$）以及所得纵坐标之间（$t=-0.365\,0$，$P=0.715\,0$）不存在显著差异，说明应用摄影定位法获取的空间数据可以接受；摄影定位法和实际测量法所得数据的实验分析结果证明 $g(r)$之间（$t=-0.102\,0$，$P=0.919\,0$）不存在显著差异，表明应用摄影定位法获取的空间数据的实验分析结果可以接受。

表 1-1　摄影定位法和实际测量法所得数据的比较（$P<0.05$）

比较对象	平均数	标准差	t	P
x_1-x_2	1.964 8E−4	0.028 8	1.628 0	0.104 0
y_1-y_2	−4.295 8E−4	0.028 0	−0.365 0	0.715 0
$g(r)_1-g(r)_2$	−1.384 0E−4	0.009 6	−0.102 0	0.919 0

注：x 为点的横坐标；y 为点的纵坐标；$g(r)$为成对相关函数；下角标 1 代表实测法；下角标 2 代表摄影定位法；E 为 10 的对应次方，如 1.964 8E−4=1.964 8×10^{-4}。

由图 1-4 可以看出两种方法所得数据通过成对相关函数 $g(r)$结合完全空间随机模型、泊松聚块模型和嵌套双聚块模型（有关 3 个零模型的介绍详见本章 1.4 节）

所分析的格局特征与尺度的变化一致，没有出现明显偏离，说明应用摄影定位法获取的空间数据通过成对相关函数 $g(r)$结合相应的零模型所分析的格局特征是可信的。

通过一系列的检验，可以看出应用基于摄影技术以及地理信息系统技术（摄影定位法）所得数据是可靠的。

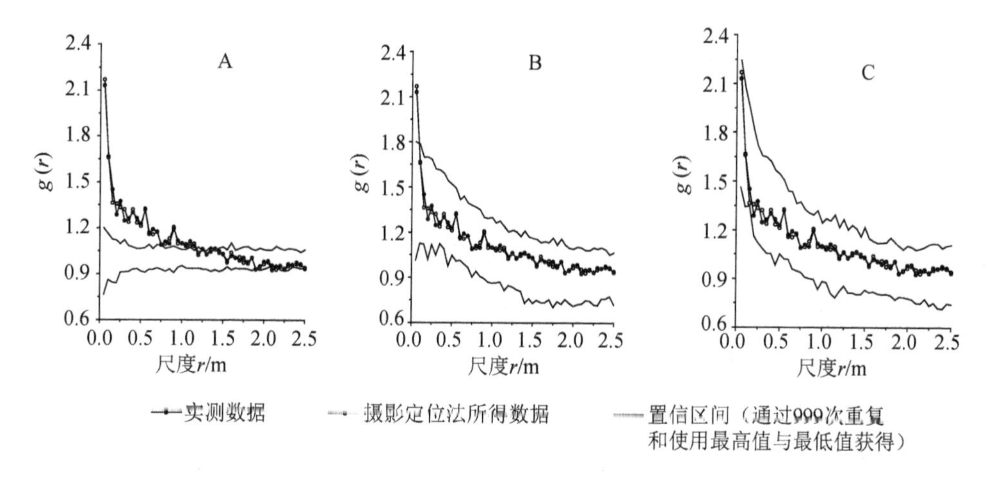

图 1-4　两种方法所得数据基于不同零模型的点格局分析

A．基于完全空间随机模型；B．基于泊松聚块模型（$\sigma_1 = 0.45$ m，$\rho_1 = 0.002\ 7$）；
C．基于嵌套双聚块模型（$\sigma_2 = 0.11$ m，$\rho_2 = 0.041\ 0$）

1.2.4　讨论

地理信息系统（Geographic Information System，GIS）是在计算机硬件、软件系统支持下，对整个或部分地球表层（包括大气层）中的有关地理分布数据进行采集、存储、管理、运算、分析、显示和描述的技术系统。地理信息系统处理、管理的对象是多种地理空间实体数据及其关系，包括空间定位数据、图形数据、遥感图像数据、属性数据等。地理信息系统操作的对象是空间数据，即点、线、面、体这类有三维要素的地理实体，空间数据的最根本特点是每个数据都按照统一的坐标进行编码，实现对其定位、定性和定量的描述（汤国安和赵牡丹，2000）。受这些思想的启示，将摄影技术与地理信息系统技术结合起来应用于种群格局的研究中，实现对植物株丛着生点位置的精确定位。

在实践中，应用摄影技术和地理信息技术进行种群格局测定时，一些细节问题需要注意。

关于数码相机，前文实验所使用的是早期的 Nikon D100，已经能够实现对植物株丛（个体）着生点位置的精确定位。随着技术的发展，目前的数码相机，都能满足这样的要求，研究人员可以根据需要选择合适的数码相机。

拍摄高度的确定。实验选择的拍摄高度是 1.75 m，这个高度不是固定不变的。研究者可以根据实验需要调整这个高度，只要取景器中心对准亚样方中心，让亚样方的 4 个顶点（即 4 根竹签）同时进入取景器，照片清晰即可。

取样面积的选择。实验选取了 5 m × 5 m 的群落片段。在研究过程中，取样面积的大小需要根据群落中物种的生物学特性、研究目的、样本量等来确定，可以选择的取样面积有 1 m × 1 m、3 m × 3 m、10 m × 10 m 和 20 m × 20 m 等。

在亚样方设置上，选取了 0.5 m × 0.5 m 的小样方，这样的亚样方设置比较合理，一方面，0.5 m × 0.5 m 的亚样方能够整数倍地分割取样面积，比如 5 m × 5 m，便于控制点坐标；另一方面，如果亚样方设置过大，比如 1 m × 1 m，拍摄高度一般也会提高，不便于拍摄者拍摄。

在应用该方法进行种群个体定位时，由于某些种群的个体难以确定，需要研究者根据研究的需要和种群自身的特点合理地选择个体单位进行定位，这会更客观地反映种群格局的空间分布特征。另外，采用此方法进行种群格局测定时，需要在数码照片上准确识别物种，一些不容易分辨的物种，在拍摄前需要进行一些预处理，比如对不同的物种进行标记等，这些预处理研究人员可以根据需要自行选择，方便可行即可，否则会增加许多野外工作。在室内进行数字化时，处理者应该仔细认真，不要遗漏个体。

摄影技术与地理信息系统 GIS 相结合的测定方法主要适用于草本植物群落以及形体较小的灌木群落，尤其适用于典型草原植物群落。对比较高大的森林群落而言，此方法存在很大局限，可行性很小。目前，高精度的全球定位系统（Global Positioning System，GPS）已经出现，比如 Leica Viva GS15，并在生态学研究中有所应用（Chacón-Labella et al.，2016）。这种高精度的 GPS 定位系统适用于森林和灌丛群落，对于草原群落可能会存在局限。另外，高精度的 GPS 定位系统的测定工作在野外完成，而摄影技术与 GIS 相结合的测定方法的工作，一部分在野外完成（照片拍摄），另一部分在室内完成（定位的实现）；这是该测定方法优于高精度 GPS 定位系统之处，加之高精度的 GPS 定位系统价格昂贵，经济上不可行。

总之，在植物种群空间分布格局的取样工作中利用 GIS 测定位点，使工作效率大幅度提高。其次，采用高分辨率的数码相机进行野外实地拍摄，可以节省大量时间和花销，从而在格局研究过程中取得较理想的效果。应用该测定方法对草原群落种群格局进行动态监测，不仅可以测定每个种群的格局动态变化过程，而且可以监测每株植物的生死过程以及种间的相互关系，进而从种群格局角度去认识演替过程，把演替的群落、种群尺度监测细化到个体水平。将该测定方法与点格局理论以及其他一些比较理想的种群格局分析方法结合起来，可以很好地分析种群空间结构、种群空间分布的各向异性特征。

1.3 重复取样条件下的点格局分析

重复取样是生态学家研究生态学问题时在实验设计过程中所遵循的基本原则之一。而在应用点格局探究种群空间格局的过程中，重复取样却非常鲜见（Graff and Aguiar，2011）。没用重复取样，实验结果可能是特例而不具有普适意义，这样得到的结论的可靠程度就值得推敲，因此，一些学者在投稿时，可能会因为实验设计没有重复而遭到拒稿。尽管关于重复取样条件下的点格局分析的统计学方法（Diggle，2003）和计算程序（Programita 软件 2010 版）已有论述，可是并未引起生态学研究者的重视，一方面可能是习惯所致，一直以来在应用点格局研究种群格局时多为单一取样；另一方面，也可能是重复取样工作量巨大，致使研究者不想设计重复取样。无论如何，在重复取样条件下，应用点格局分析探讨种群格局具有重要的生态学意义。因此，在本节中提出点格局研究中重复取样的问题，并通过研究实例进行论述。

1.3.1 重复取样条件下点格局的计算

点格局是植物种群空间格局研究过程中广泛使用的方法，其基础数据为种群个体在研究区域内的平面坐标。Ripley's K 函数[$K(r)$]为点格局分析的基本方法，在此基础上发展了成对相关函数[$g(r)$]和 O-Ring 函数[$O(r)$]，三者之间的关系为 $g(r)=(2\pi r)^{-1}\mathrm{d}K(r)/\mathrm{d}r$，$O(r)=\lambda g(r)$（Wiegand and Moloney，2004）。由于 $K(r)$与 $g(r)$在较多文献中均有描述而 $O(r)$相对较少，本书选择将 $O(r)$加以介绍。对于 $K(r)$ 函数，N 个重复取样条件下的数学表达式见本章结尾附录。

O-Ring 函数的基本数学表达式为

$$O^{w}(r)=\frac{\dfrac{1}{n}\sum_{i=1}^{n}\mathrm{Points}[R_i^{w}(r)]}{\dfrac{1}{n}\sum_{i=1}^{n}\mathrm{Area}[R_i^{w}(r)]} \tag{1-4}$$

式中，n——研究区域内点（植物个体）的数量；

$R_i^{w}(r)$——第 i 点为圆心，r 为半径，w 为带宽的圆环；

$\mathrm{Points}[R_i^{w}(r)]$——圆环内点的数量；

$\mathrm{Area}[R_i^{w}(r)]$——圆环的面积。

应用式（1-4）可以直接计算单一取样条件下的种群格局。对于 N 个重复取样，

可以在式（1-4）的基础上扩展，得到数学表达式为

$$O^{w}(r)=\frac{\frac{n^{1}}{M}\cdot\frac{1}{n^{1}}\sum_{i^{1}=1}^{n^{1}}\text{Points}[R_{i^{1}}^{w}(r)]+\cdots+\frac{n^{j}}{M}\cdot\frac{1}{n^{j}}\sum_{i^{j}=1}^{n^{j}}\text{Points}[R_{i^{j}}^{w}(r)]+\cdots+\frac{n^{N}}{M}\cdot\frac{1}{n^{N}}\sum_{i^{N}=1}^{n^{N}}\text{Points}[R_{i^{N}}^{w}(r)]}{\frac{n^{1}}{M}\cdot\frac{1}{n^{1}}\sum_{i^{1}=1}^{n^{1}}\text{Area}[R_{i^{1}}^{w}(r)]+\cdots\frac{n^{j}}{M}\cdot\frac{1}{n^{j}}\sum_{i^{j}=1}^{n^{j}}\text{Area}[R_{i^{j}}^{w}(r)]+\cdots+\frac{n^{N}}{M}\cdot\frac{1}{n^{N}}\sum_{i^{N}=1}^{n^{N}}\text{Area}[R_{i^{N}}^{w}(r)]} \tag{1-5}$$

式中，i^{j}——种群在第 j 个重复中的第 i 个点；

n^{j}——种群在第 j 个重复中的个体数；

M——种群在所有重复中的个体总数，$M=\sum_{j}n^{j}$；

N——重复取样数。

式（1-5）可化简为

$$O^{w}(r)=\frac{\sum_{i^{1}=1}^{n^{1}}\text{Points}[R_{i^{1}}^{w}(r)]+\cdots+\sum_{i^{j}=1}^{n^{j}}\text{Points}[R_{i^{j}}^{w}(r)]+\cdots+\sum_{i^{N}=1}^{n^{N}}\text{Points}[R_{i^{N}}^{w}(r)]}{\sum_{i^{1}=1}^{n^{1}}\text{Area}[R_{i^{1}}^{w}(r)]+\cdots+\sum_{i^{j}=1}^{n^{j}}\text{Area}[R_{i^{j}}^{w}(r)]+\cdots+\sum_{i^{N}=1}^{n^{N}}\text{Area}[R_{i^{N}}^{w}(r)]} \tag{1-6}$$

通过 $O(r)$函数既可以分析单一种群的格局特征，也可以分析两个物种的种间关联。为了区分两种过程，通常用 $O_{11}(r)$表示单一种群，而用 $O_{12}(r)$表示两个物种，则 $O_{11}(r)$与 $O_{12}(r)$的 N 个重复结果的数学表达式分别为

$$O_{11}^{w}(r)=\frac{\frac{n_{1}^{1}}{M}\cdot\frac{1}{n_{1}^{1}}\sum_{i^{1}=1}^{n_{1}^{1}}\text{Points}_{1}[R_{1,i^{1}}^{w}(r)]+\cdots+\frac{n_{1}^{j}}{M}\cdot\frac{1}{n_{1}^{j}}\sum_{i^{j}=1}^{n_{1}^{j}}\text{Points}_{1}[R_{1,i^{j}}^{w}(r)]+\cdots+\frac{n_{1}^{N}}{M}\cdot\frac{1}{n_{1}^{N}}\sum_{i^{N}=1}^{n_{1}^{N}}\text{Points}_{1}[R_{1,i^{N}}^{w}(r)]}{\frac{n_{1}^{1}}{M}\cdot\frac{1}{n_{1}^{1}}\sum_{i^{1}=1}^{n_{1}^{1}}\text{Area}[R_{1,i^{1}}^{w}(r)]+\cdots+\frac{n_{1}^{j}}{M}\cdot\frac{1}{n_{1}^{j}}\sum_{i^{j}=1}^{n_{1}^{j}}\text{Area}[R_{1,i^{j}}^{w}(r)]+\cdots+\frac{n_{1}^{N}}{M}\cdot\frac{1}{n_{1}^{N}}\sum_{i^{N}=1}^{n_{1}^{N}}\text{Area}[R_{1,i^{N}}^{w}(r)]} \tag{1-7}$$

$$O_{12}^{w}(r)=\frac{\frac{n_{1}^{1}}{M}\cdot\frac{1}{n_{1}^{1}}\sum_{i^{1}=1}^{n_{1}^{1}}\text{Points}_{2}[R_{1,i^{1}}^{w}(r)]+\cdots+\frac{n_{1}^{j}}{M}\cdot\frac{1}{n_{1}^{j}}\sum_{i^{N}=1}^{n_{1}^{j}}\text{Points}_{2}[R_{1,i^{j}}^{w}(r)]+\cdots+\frac{n_{1}^{N}}{M}\cdot\frac{1}{n_{1}^{N}}\sum_{i^{N}=1}^{n_{1}^{N}}\text{Points}_{2}[R_{1,i^{N}}^{w}(r)]}{\frac{n_{1}^{1}}{M}\cdot\frac{1}{n_{1}^{1}}\sum_{i^{1}=1}^{n_{1}^{1}}\text{Area}[R_{1,i^{1}}^{w}(r)]+\cdots+\frac{n_{1}^{j}}{M}\cdot\frac{1}{n_{1}^{j}}\sum_{i^{j}=1}^{n_{1}^{j}}\text{Area}[R_{1,i^{j}}^{w}(r)]+\cdots+\frac{n_{1}^{N}}{M}\cdot\frac{1}{n_{1}^{N}}\sum_{i^{N}=1}^{n_{1}^{N}}\text{Area}[R_{1,i^{N}}^{w}(r)]} \tag{1-8}$$

可化简为

$$O_{11}^{w}(r)=\frac{\sum_{i^{1}=1}^{n_{1}^{1}}\text{Points}_{1}[R_{1,i^{1}}^{w}(r)]+\cdots+\sum_{i^{j}=1}^{n_{1}^{j}}\text{Points}_{1}[R_{1,i^{j}}^{w}(r)]+\cdots+\sum_{i^{N}=1}^{n_{1}^{N}}\text{Points}_{1}[R_{1,i^{N}}^{w}(r)]}{\sum_{i^{1}=1}^{n_{1}^{1}}\text{Area}[R_{1,i^{1}}^{w}(r)]+\cdots+\sum_{i^{j}=1}^{n_{1}^{j}}\text{Area}[R_{1,i^{j}}^{w}(r)]+\cdots+\sum_{i^{N}=1}^{n_{1}^{N}}\text{Area}[R_{1,i^{N}}^{w}(r)]} \tag{1-9}$$

$$O_{12}^{w}(r)=\frac{\sum_{i^1=1}^{n_1^1}\text{Points}_2[R_{1,i^1}^{w}(r)]+\cdots+\sum_{i^j=1}^{n_1^j}\text{Points}_2[R_{1,i^j}^{w}(r)]+\cdots+\sum_{i^N=1}^{n_1^N}\text{Points}_2[R_{1,i^N}^{w}(r)]}{\sum_{i^1=1}^{n_1^1}\text{Area}[R_{1,i^1}^{w}(r)]+\cdots+\sum_{i^j=1}^{n_1^j}\text{Area}[R_{1,i^j}^{w}(r)]+\cdots+\sum_{i^N=1}^{n_1^N}\text{Area}[R_{1,i^N}^{w}(r)]} \tag{1-10}$$

其中，下角标 1 为种群 1；下角标 2 为种群 2。在式（1-7）和式（1-9）中，$\text{Points}_1[X]$表示在区域 X（以物种 1 第 i 个个体为圆心，r 为半径，w 为带宽的圆环）内物种 1 的个体数，$X=R_{1,i^j}^{w}(r)$；在式（1-8）和式（1-10）中，$\text{Points}_2[X]$表示在区域 X（以物种 2 第 i 个个体为圆心，r 为半径，w 为带宽的圆环）内物种 2 的个体数，$X=R_{1,i^j}^{w}(r)$。

应用 O-Ring 函数分析种群空间格局与应用 Ripley's K 函数类似，通常将实测数据的 $O(r)$结果与零模型（null models）模拟得到的置信区间进行对比，从而判断格局特征。一般来说，零模型通常选择完全空间随机模型（complete spatial randomness，CSR）。这样，就单一种群 $O_{11}(r)$来说，实测结果如果位于置信区间之内，意味着种群为随机分布；若向上偏离置信区间上限，说明种群为聚集分布；而向下偏离置信区间下限，则表明种群为均匀分布。就种间关联 $O_{12}(r)$而言，实测结果如果位于置信区间内，表明两个物种之间没有关系；倘若偏离置信区间会出现两种情况：位于上置信区间之上——正关联；位于下置信区间之下——负关联。

1.3.2 研究实例

1. 实验设计

研究实例来源于内蒙古典型草原区，实验于 2004 年 7 月在内蒙古锡林郭勒盟典型草原地带中国科学院草原生态系统定位研究站设置的围栏样地内进行。样地位于丘陵坡麓前缘与锡林河二级阶地之间，地势微倾斜，地表较平整，土壤为典型栗钙土，地理坐标为 43°38′ N，116°42′ E，平均海拔 1 187 m。该地区属温带大陆性半干旱气候，冬季寒冷干燥，夏季温暖湿润。年均气温 0.18℃；年均降水量 349.6 mm，年均净水面蒸发量 1 641.5 mm，年均日照时数 2 533 h，大于 0℃的多年平均积温为 2 428.7℃，大于 10℃的多年平均积温为 1 983.3℃，具有冬寒夏温的中温带气候特征。

本研究选择 1996 年围封的退化群落恢复样地，该样地围封时处于严重退化状态的冷蒿+糙隐子草（*Artemisia frigida* + *Cleistogenes squarrosa*）群落阶段，属于

羊草+大针茅草原的严重退化变体，面积 50 m × 400 m。至测定时，已恢复 8 年。

本实验记录了上述样地中羊草和大针茅两个优势物种种群的空间数据，为了消除生境异质性对实验的影响，在空间数据测定时，选定地表平坦、群落外貌均匀且具有代表性的 3 个 5 m × 5 m 的群落片段，其种群个体数量和位点分别见表 1-2 和图 1-5。

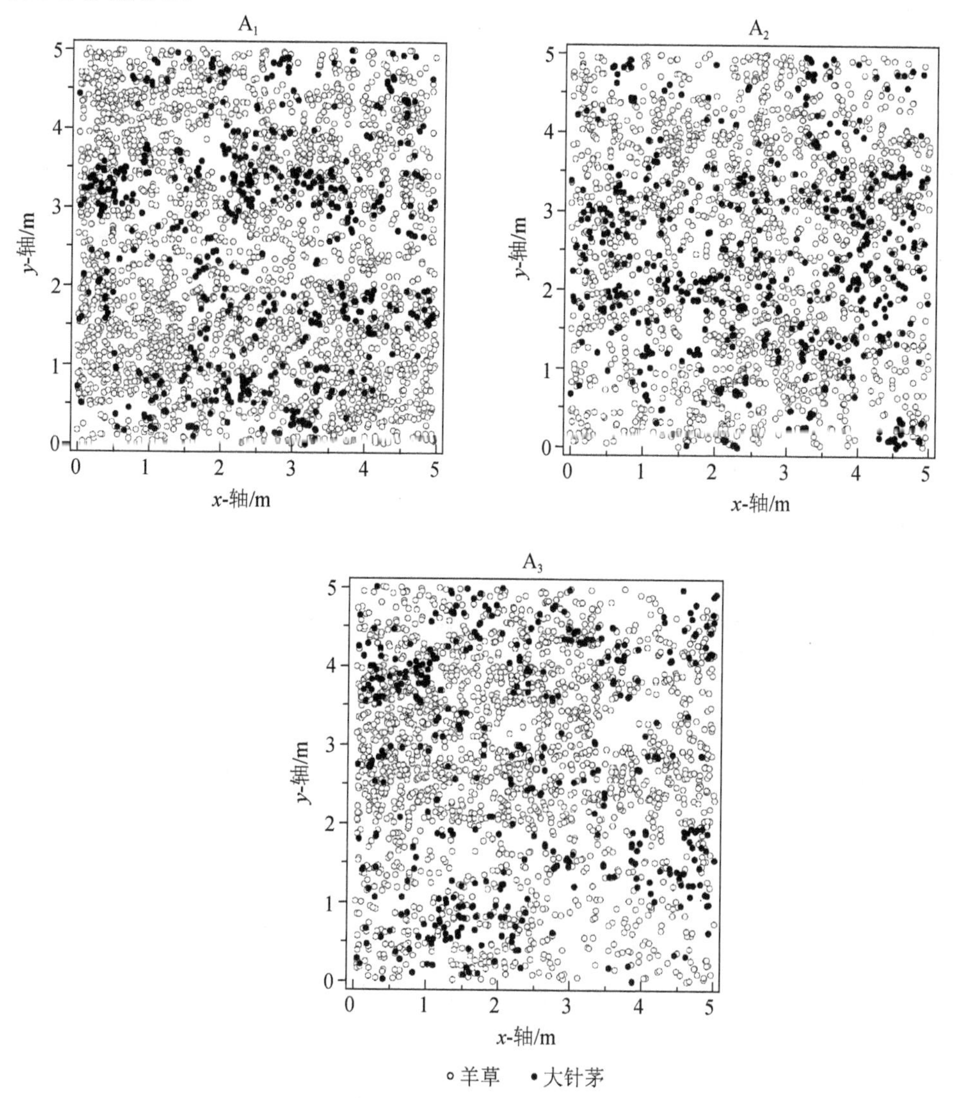

图 1-5 恢复演替 8 年群落中羊草与大针茅种群的位点图

A_1. 第 1 次取样；A_2. 第 2 次重复取样；A_3. 第 3 次重复取样

表 1-2 恢复 8 年群落中羊草与大针茅在各个重复取样中种群个体数量

种群	重复	种群个体数量
羊草	1	2 601
	2	1 869
	3	1 970
大针茅	1	528
	2	512
	3	427

数据计算在 Programita（Wiegand and Moloney，2004）软件下完成。

2. 单一取样与整合重复取样条件下的点格局分析

在研究实例中，对于羊草种群，在第 1 次取样中，种群格局随着尺度的增加出现聚集分布、随机分布和均匀分布 3 种类型（图 1-6 A_1）；在第 2 次和第 3 次重复取样中，种群格局在整个分析尺度上呈现聚集分布（图 1-6 A_2，A_3），而整合 3 个重复取样后的格局在整个分析尺度上表现为聚集分布（图 1-6 B）。对于大针茅种群，在第 1 次取样和第 3 次重复取样中，种群格局随着尺度的增加出现聚集分布和随机分布两种类型（图 1-7 A_1，A_3）；在第 2 次重复取样中，种群格局在整个分析尺度上基本呈现聚集分布（图 1-7 A_2）；而整合 3 个重复取样后的格局呈现聚集分布与随机分布两种类型（图 1-7 B）。对于羊草与大针茅的种间关联，在第 1 次取样和第 2 次重复取样中，两个物种在整个尺度上基本表现出种间无关（图 1-8 A_1，A_2），尽管在某些尺度上略有偏离，如负关联（第 1 次取样）和正关联（第 2 次重复取样）；在第 3 次重复取样中，虽然在某些尺度上有种间无关迹象；但两个物种在整个分析尺度上基本呈现正关联（图 1-8 A_3），而整合 3 个重复取样后则在整个分析尺度上基本表现为种间无关（图 1-8 B），但在某些尺度上仍稍有偏离。

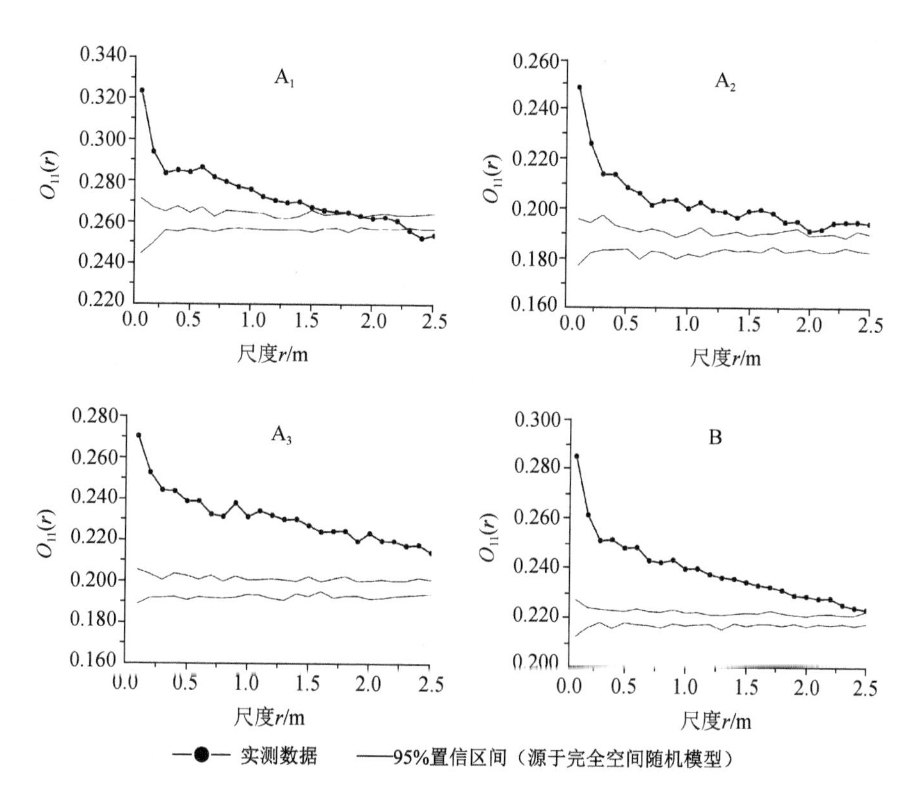

图 1-6 恢复演替 8 年群落中羊草种群空间点格局分析

A_1. 第 1 次取样；A_2. 第 2 次重复取样；

A_3. 第 3 次重复取样；B. 整合 3 个重复取样的羊草种群点格局分析

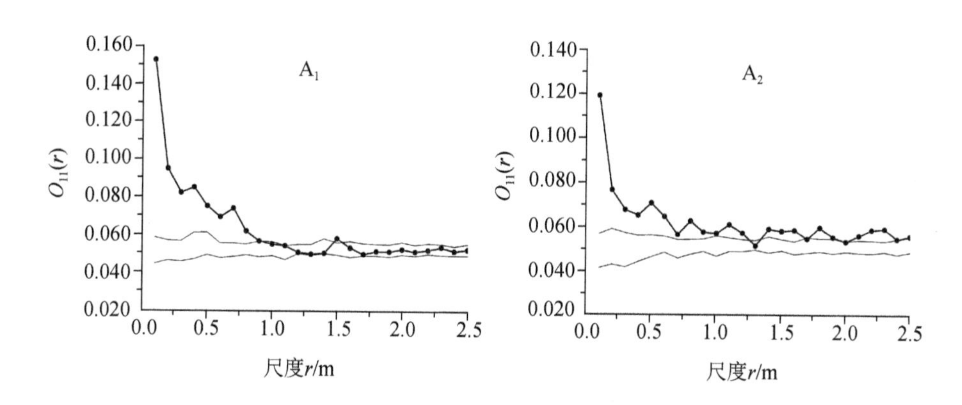

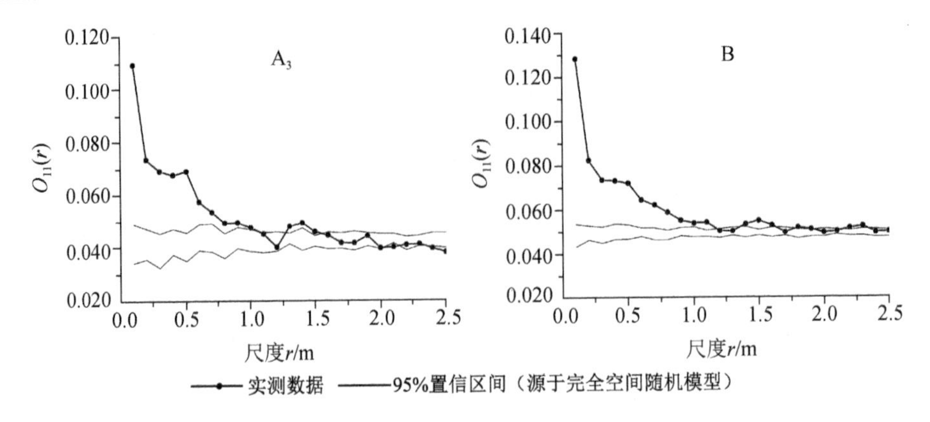

图 1-7　恢复演替 8 年群落中大针茅种群空间点格局分析

A．每个重复中大针茅种群点格局分析（1，2 和 3 分别指 3 次重复取样）；

B．整合 3 个重复取样的大针茅种群点格局分析

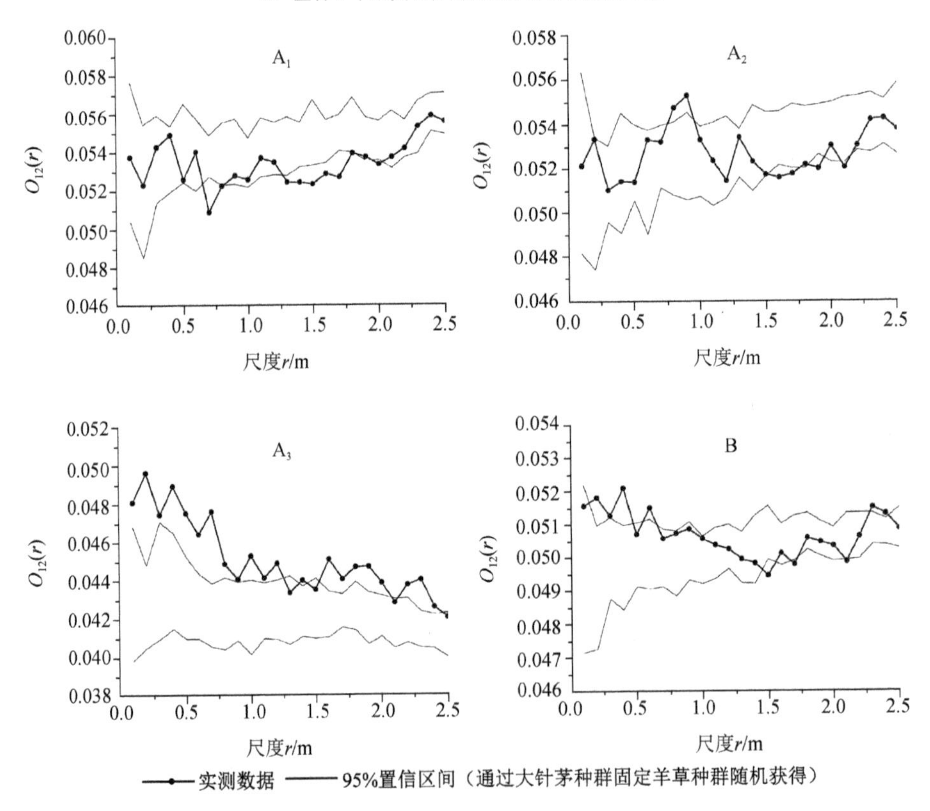

图 1-8　恢复演替 8 年群落中羊草与大针茅种群种间关联分析

A．在每个重复中羊草与大针茅种群种间关系分析（1，2 和 3 分别指 3 次重复取样）；

B．整合 3 个重复取样的羊草与大针茅种群种间关联分析

1.3.3 讨论

一直以来，种群格局与过程都是生态学研究的热点问题。点格局能测定不同尺度下的种群格局，是探讨种群格局与过程的最常用的方法。（张金屯，1998；Wiegand and Moloney，2004）。然而，在众多应用点格局分析种群格局的研究实例中，重复取样条件下的案例非常罕见，也就是说，在以往的点格局研究实例中，研究者在取样设计时通常是在一定尺度下选取一个群落片段，而不是同时选取几个群落片段，比如，选取 5 m × 5 m 的群落片段，只选一个而不是同时选几个，这也是生态学研究过程中很有意思的现象，因为生态学家在探讨生态学问题过程中，重复取样是实验设计所遵循的基本原则之一。实际上，就点格局分析而言，重复取样同样重要，因此，本文提出这样的问题，介绍重复取样条件下点格局分析的统计学方法，并通过实例计算单一取样和重复取样条件下的点格局。多个重复条件下的点格局分析的统计学方法是加权平均法（Diggle，2003），就重复条件下的点格局而言，这种方法是非常有效的方法，因为各个重复对平均状态下的点格局的作用是不同的。每个重复的权重值是通过每个重复中种群的个体数除以所有重复中种群个体总数获得的。

实验在内蒙古典型草原中国科学院草原生态系统定位研究站设置的围栏样地内进行。在实验设计时，为了尽量消除生境异质性对种群格局的影响，人为选择地表平坦、群落外貌均匀且具有代表性的 3 个 5 m × 5 m 的群落片段。通过种群分布的位点图可以看出（图 1-5），3 个重复中，物种空间分布状态相似，并未表现出直观的异质性特点，说明主观选择样地已基本排除了生境异质性的影响。在应用点格局对每一个重复的种群格局进行分析时，发现 3 个重复之间的格局特征存在一定差异：羊草种群重复 1 与其他重复有差异（图 1-6 A_1），大针茅种群重复 2 与其他重复存在差异（图 1-7 A_2）；对于种间关联而言，重复 3 与其他重复之间存在差异（图 1-8 A_3）。这样的研究结果说明，如果在单一取样条件下，应用点格局探究种群格局时会存在偏差，比如，在研究种群格局时，羊草种群选择了重复 1，大针茅选择了重复 2，种间关联选择了重复 3，据此得出的结论值得推敲。在研究实例中不同重复取样间的偏差是在主观取样尽量排除生境异质性条件下依然存在的，如果是随机取样，由于生境异质性的影响，可能偏差会更大，单一取样过程中出现的实验结果的偏差，可能只有通过重复取样来解决为妥，如整合 3 个重复取样的羊草种群（图 1-6 B）、大针茅种群（图 1-7 B）及羊草与大针茅种群的种间关联（图 1-8 B）。

可见，应用点格局分析种群格局时，不同重复取样之间种群格局特征存在一定差异，所以通过单一取样得到的研究结果属于特例，从而影响研究结论。而整合多个重复条件下的点格局分析结果，得到的是多个重复的平均状态，这样的状态更能体现种群格局的整体特征而更具代表性。重复取样大大增加了研究结果的稳定性，这缘于整合多个重复取样，从某个角度而言，加大了样本量，如此就过滤掉了许多因样本量过小而带来的噪声，所以，重复取样在样本量小时显得尤为重要，特别适合基于多个空间上不连续的小尺度样方的生态学研究，比如，在研究草原群落种群空间格局时，取样尺度选择 1 m × 1 m 或 2 m × 2 m 的群落片段，如果不采取重复取样，由此而得到结论的可靠性会大大降低。

另外，重复取样的选择应以具体研究对象和问题而异，说到底，重复取样问题实际上是一个尺度问题，如果所选的尺度足够大，可能就不需要重复取样了。因此，在选择是否重复取样时，应根据具体的问题、研究的尺度以及所得的样本量的大小来决定是否需要重复取样。故期望生态学研究者在应用点格局分析种群格局时，根据实际需要合理考虑是否通过重复取样来探究格局特征。

1.4 基于不同零模型条件下的点格局分析

在应用点格局分析种群空间格局时，通常以零模型（null models），比如完全空间随机模型（complete spatial randomness，CSR）、泊松聚块模型（Poisson cluster process，PCP）、嵌套双聚块模型（nested double-cluster process）等的检验为基础来定量分析实测格局的特征，进而论证格局的形成过程。在众多零模型中，CSR最简单、最常用（Dixon，2002；Wiegand and Moloney，2004）。然而，由于空间过程的复杂性，不同的生态过程可能引起相同的空间格局（Levin，1992；Barot et al.，1999；Dixon，2002；Wiegand et al.，2003）。另外，因空间格局与尺度相互依赖，特定尺度下的空间格局可能存在特定的导因（Wiegand et al.，2007b），在空间格局的研究中，仅通过完全随机模型的检验来分析格局特征，很难论证复杂的生态过程。一些较为复杂零模型的应用可能对此有所裨益。可是，在众多的空间格局研究中，复杂零模型的应用并不多见（Wiegand et al.，2007b；喻泓等，2009）。

因此，在本节中，选择不同的零模型来分析典型草原羊草种群在不同恢复演替阶段的空间格局，通过不同零模型的比较进而探讨其格局形成过程，期望在今后的空间格局研究中为生态学研究者选择复杂零模型解决生态学问题提供参考。

1.4.1 零模型

成功运用 Ripley's K 函数分析所要解决的生态学问题的关键是选择合适的零模型，并且能够合理解释实测数据与零模型的偏离。在本节研究中，选择完全空间随机模型、泊松聚块模型和嵌套双聚块模型进行分析。

1. 完全空间随机模型

在众多零模型中，完全空间随机模型最简单、最常用（Dixon，2002；Wiegand and Moloney，2004），其实质是均质泊松过程。在这个模型中任何一点（或个体）在研究区域内任何一个位置上出现（或发生）的机会是相同的；同时，点间（或个体间）是相互独立的，也就是说任何两点间均不发生相互作用。

2. 泊松聚块模型

泊松聚块模型，有时也称托马斯过程（Thomas process），它所描述的是聚块机制。其内涵为：母体事件以完全空间随机过程发生，而每一个母体在其周围按一定的概率分布产生随机数量的子代个体，且这些子代个体在空间的分布上遵循某双变量概率密度函数。如果子代个体的数量遵循泊松分布且其在空间的位置相对母体而言符合双变量高斯分布，子代个体的发生就符合泊松聚块模型（Diggle，1983；Batista and Maguire，1998；Dixon，2002；Wiegand and Moloney，2004）。泊松聚块模型的 Ripley's K 函数表达式为

$$K(r,\sigma,\rho)=\pi r^2+\frac{1-\exp(-r^2/4\sigma^2)}{\rho} \tag{1-11}$$

式中，r——尺度；

ρ——该过程中母体的密度；

σ^2——高斯分布的方差。

3. 嵌套双聚块模型

嵌套双聚块模型很少被使用，许多学者做了详细描述（Stoyan D and Stoyan H，1996；Diggle，2003；Watson et al.，2007；Wiegand et al.，2007b）。嵌套双聚块模型是泊松聚块模型的多代扩展，泊松聚块过程的子代产生自己的后代个体。嵌套双聚块模型的 Ripley's K 函数表达式为

$$K\left(r,\sigma_1,\rho_1,\sigma_2,\rho_2\right)=\pi r^2+\frac{1-\exp(-r^2/4\sigma_2^2)}{\rho_2}+\frac{1-\exp(-r^2/4\sigma_{\text{sum}}^2)}{\rho_1} \tag{1-12}$$

且

$$\sigma_{\text{sum}}^2=\sigma_1^2+\sigma_2^2$$

而参数 r、ρ 和 σ^2 意义同泊松聚块模型，其中，下角标 1 代表第一代，下角标 2 代表第二代。

1.4.2 研究实例

1. 实验样地的选择与原始数据的测定

本研究在内蒙古锡林郭勒盟典型草原地带中国科学院草原生态系统定位研究站设置的围栏样地内进行。样地位于丘陵坡麓前缘与锡林河二级阶地之间，地势微倾斜，地表较平整，土壤为典型栗钙土，地理坐标为 43°38′N，116°42′E，海拔 1 187 m。该地区属温带大陆性半干旱气候，冬季寒冷干燥，夏季温暖湿润。年均气温 0.18℃；年均降水量 349.6 mm，年均净水面蒸发量 1 641.5 mm。年均日照时

数 2 533 h，大于 0℃的多年平均积温为 2 428.7℃，大于 10℃的多年平均积温为 1 983.3℃，具有冬寒夏温的中温带气候特征。

本项研究选择了 3 个样地进行测定，具体情况如下：

A 样地：1983 年围封的退化群落恢复样地，该样地围封时为处于严重退化状态的冷蒿＋糙隐子草群落，属于羊草＋大针茅草原的严重退化变体，面积 600 m×400 m，至测定时，已恢复 21 年。

B 样地：1996 年围封的退化群落恢复样地，该样地是由 A 样地外的南端向南延伸 50 m 围封而成，面积为 50 m×400 m。至测定时，已恢复 8 年。与 A 样地具有原生群落和生境的一致性，围封时的群落状态也相似，不同之处在于 A 和 B 样地的开始恢复时间相差 13 年。

C 样地：恢复样地围栏外仍为严重退化的草原生态系统，因只有网围栏相隔，故与 A 和 B 样地在初始生境条件上相一致。测定时为严重退化群落。

可见，A 和 B 样地在未围封前，其群落状态与 C 样地相同，均属于严重退化状态的冷蒿＋糙隐子草群落，且 3 个样地具有原生群落和生境的一致性，三者的差异在于围栏封育恢复的时间不同。

在本项研究中，选择羊草作为研究对象，羊草是根茎型禾草，为典型草原群落的主要建群种之一（中国科学院内蒙古宁夏综合考察队，1985），在群落中扮演着重要角色。研究团队于 2001 年 7 月（B 样地）和 2004 年 7 月（A、B、C 样地）采用摄影定位法测定了羊草种群空间格局，由此得到了一个恢复演替序列：严重退化的群落（零恢复群落）、恢复 5 年的群落、恢复 8 年的群落和恢复 21 年的群落。为了消除生境异质对格局的影响，在格局测定时，在各样地中选择地表平坦、群落外貌均匀且具有代表性的 5 m×5 m 的群落片段。

2. 基于不同零模型的点格局分析

在本项研究中，数据计算在 Programita 软件（Wiegand and Moloney，2004）下完成，Monte-Carlo 拟合 99 次，置信水平为 99%，置信区间通过使用最大值和最小值获得；步长为 10cm。详细的零模型参数见表 1-3。

表 1-3 使用泊松聚块模型和嵌套双聚块模型的单变量分析

恢复阶段	复合大尺度聚块格局				小尺度聚块格局		
	n	σ_1	$A\rho_1$	μ_1	σ_2	$A\rho_2$	μ_2
零恢复群落	1 428	0.449	33.06	43.19	0.038	652.41	2.19
恢复 5 年群落	2 116	0.682	80.46	26.92	0.073	567.78	3.73
恢复 8 年群落	2 601	0.284	197.15	13.19	—	—	—
恢复 21 年群落	568	0.399	31.19	18.21	—	—	—

注：下角标 1 和 2 分别为大尺度和小尺度；n 为格局中点的数目；A 为研究区域的面积（5m×5m）；ρ 为母体格局的密度；$A\rho$ 为研究区域中母体的数量；σ 为聚块尺度参数；$\mu = n / A\rho$，为在每一聚块中的平均点数。

（1）基于完全空间随机模型的点格局分析

在严重退化的群落中，羊草种群在整个取样尺度上呈现聚集分布（图 1-9 A）；在恢复 5 年的群落中，羊草种群空间格局在整个尺度上位于置信区间之上呈现聚集分布（图 1-9 B）；在恢复 8 年的群落中，羊草种群在 0～2.5 m 范围内表现为聚集分布（图 1-9 C）；在恢复 21 年的群落中，羊草种群在整个取样范围内表现为聚集分布（图 1-9 D）。

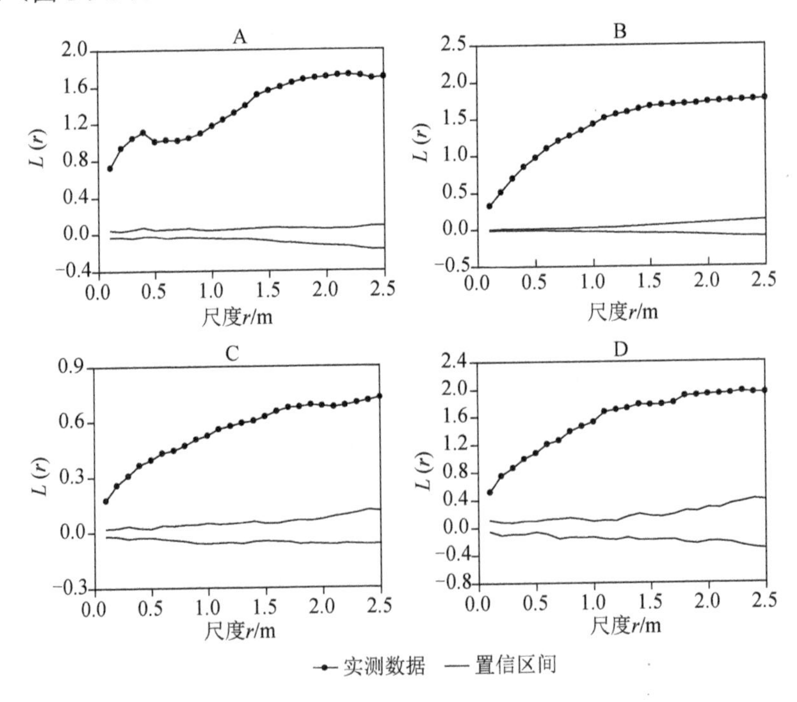

图 1-9 不同恢复演替阶段羊草种群基于完全空间随机模型的点格局分析

A. 零恢复群落；B. 恢复 5 年群落；C. 恢复 8 年群落；D. 恢复 21 年群落

（2）基于泊松聚块模型与嵌套双聚块模型的点格局分析

在严重退化的群落（零恢复群落）中，羊草种群格局在 0～0.55 m 偏离泊松聚块模型，当尺度大于 0.55 m 时，符合泊松聚块模型（图 1-10 A）；而其在整个取样尺度上与嵌套双聚块模型相吻合（图 1-11 A）。在恢复 5 年的群落中，羊草种群格局在 0～0.36 m，位于置信区间之上，当尺度大于 0.36 m 则位于置信区间内（图 1-10 B）；而在整个取样尺度上能够很好地被嵌套双聚块模型描述（图 1-11 B）。在恢复 8 年和 21 年的群落中，羊草种群在整个测定尺度上完全符合泊松聚块模型（图 1-10 C，D）。

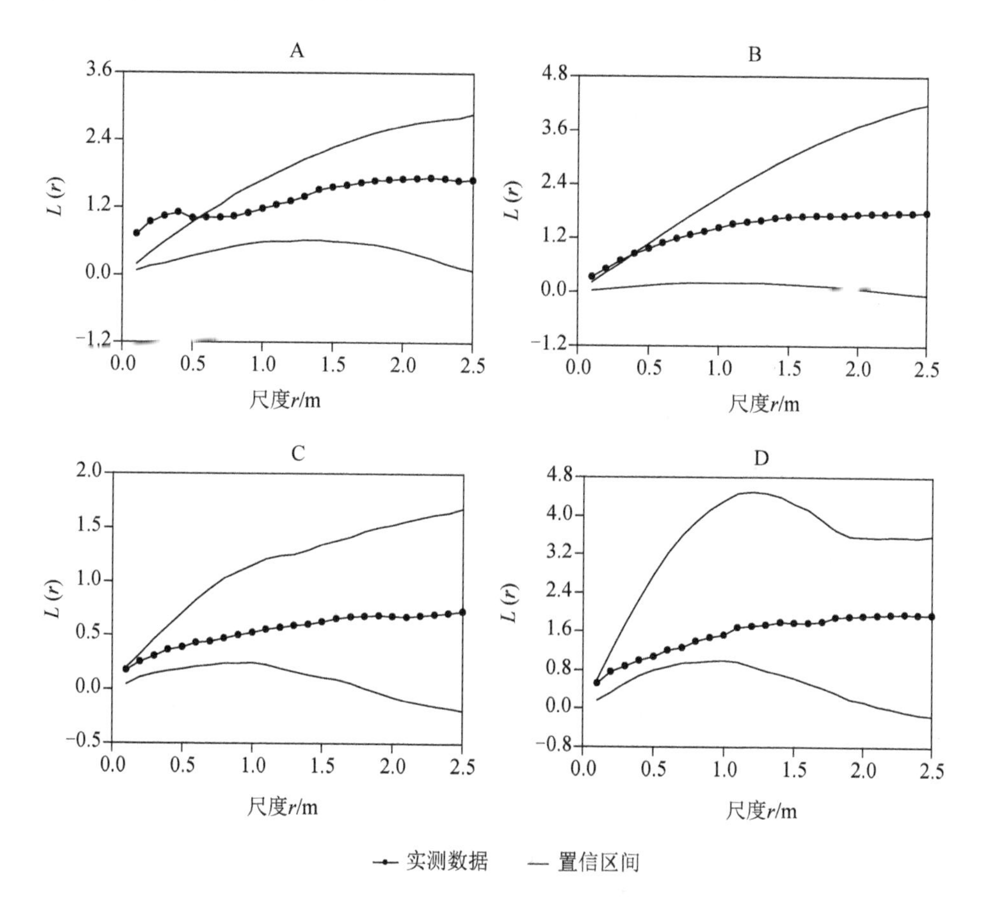

图 1-10　不同恢复演替阶段羊草种群基于泊松聚块模型的点格局分析

A. 零恢复群落；B. 恢复 5 年群落；C. 恢复 8 年群落；D. 恢复 21 年群落

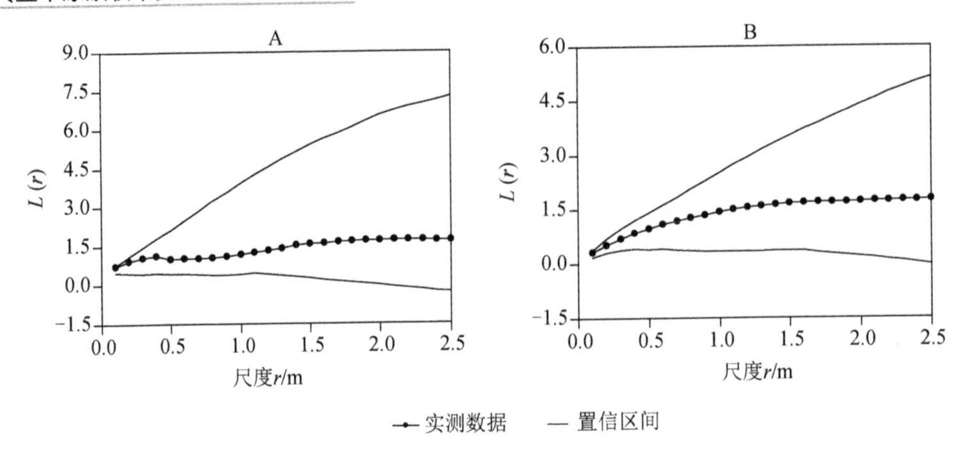

图 1-11 不同恢复演替阶段羊草种群基于嵌套双聚块模型的点格局分析

A. 零恢复群落；B. 恢复 5 年群落

3. 羊草种群密度与领地密度的比较

为了分析竞争对种群格局的影响，我们使用种群领地密度这一指标，有关种群领地密度的详细论述及量化见王鑫厅等（2009）。在种群格局分布的位点图上，被种群个体占据的区域称为种群领地，未占据的称为空斑。种群领地密度是指单位领地面积内的种群个体数，旨在分析种内竞争。若种群领地密度下降，表明种内竞争变得激烈。

由表 1-4 可知，在 5 m×5 m 的取样范围内，种群密度关系为恢复 8 年群落＞恢复 5 年群落＞零恢复群落＞恢复 21 年群落，说明羊草种群在恢复演替过程中经历了种群增长和种群衰退的过程；种群领地密度关系为恢复 5 年群落＞零恢复群落＞恢复 8 年群落＞恢复 21 年群落，表明羊草种群在恢复演替的早期种内无竞争，随着恢复时间的推移种内竞争变得激烈。

表 1-4 不同恢复演替阶段羊草种群的密度与领地密度

种群密度与领地密度	零恢复群落	恢复 5 年群落	恢复 8 年群落	恢复 21 年群落
种群密度	57.12	84.64	104.04	22.72
领地密度	182.262	199.381	166.365	133.476

1.4.3 讨论

在以往的格局研究中，生态学家使用不同的方法分析空间格局（Kershaw and Looney，1985；Greig-Smith，1987；Krahulec et al.，1990；Diggle，2003），其中，应用最广泛的是基于 Ripley'*K* 函数的点格局，因其能够分析不同尺度下的空间格局（张金屯，1998；Wiegand and Moloney，2004）。而应用点格局分析空间格局的关键是选择合适的零模型（Wiegand and Moloney，2004）。在基于各种机理的零模型中，完全空间随机模型最受青睐，其他的零模型却很少使用。这可能是因为完全空间随机模型最简单、最常用从而忽视了其他零模型，另外，也可能是其他零模型比完全空间随机模型复杂，缺乏相应的计算程序，进而限制了其广泛应用。随着计算机和应用软件的不断发展，复杂零模型的模拟已不是问题，且有些软件可以直接利用（Wiegand and Moloney，2004）。在本节中，我们选择了完全空间随机模型、泊松聚块模型和嵌套双聚块模型进行探讨，实际上，还有其他零模型，比如，异质泊松模型（Heterogeneous Poisson process），异质泊松聚块模型（Heterogeneous Poisson cluster process）等。因此，期望在今后的空间格局研究中，生态学家应适当地选择一些复杂零模型来揭示格局掩盖下的空间过程。

在研究实例中，通过完全空间随机模型的分析，区分了羊草种群在不同恢复演替阶段的格局类型，发现羊草种群在整个取样尺度范围内均呈现聚集分布（图 1-9），而对于恢复演替过程中羊草种群格局的内在形成机制未见端倪，特别是聚集分布的内在特征。由于完全空间随机模型通过偏离置信区间来检验聚集分布和均匀分布，但不能检验种群聚集分布的内在特征或形成机制。在自然群落中，大多数种群在一定尺度范围内呈现聚集分布（Stoll and Prati，2001），对种群聚集分布的内在特征的揭示有助于认识种群和群落的结构和功能。而泊松聚块模型和嵌套双聚块模型所描述的是种群聚集分布的内在形成机制，二者紧密联系在一起，如果使用泊松聚块模型检验的种群格局在一定尺度范围内位于置信区间之上，表明在种群聚集分布的聚块内可能存在较高密度的小聚块，可以通过嵌套双聚块模型进一步验证。为此，我们使用泊松聚块模型和嵌套双聚块模型进一步检验羊草种群在不同恢复演替阶段所呈现的聚集分布的内在特征。结果发现羊草种群在恢复演替的初期（严重退化群落与恢复 5 年群落）的小尺度范围内偏离泊松聚块模型（图 1-10 A 和 B）而符合以母体为中心的嵌套双聚块模型（图 1-11 A，B），也

就是说在恢复演替初期羊草种群空间格局在大聚块中分布着较高密度的小聚块；在恢复演替的中后期（恢复 8 年群落和恢复 21 年群落）符合以母体为中心的泊松聚块模型（图 1-10 C，D），说明在羊草种群空间格局的聚块中不存在较高密度的小聚块，这意味着随着恢复演替时间的推移，羊草种群空间格局在大聚块中分布着较高密度的小聚块将消失。这是很有意义的生态学现象，而这一现象又是不能通过完全空间随机模型所揭示的。该实例说明在应用点格局分析种群空间格局时，仅通过完全空间随机模型的检验来分析格局特征，或许很难论证复杂的生态过程，而选择一些完全空间随机模型以外的较复杂的零模型，可能会揭示格局掩盖下的内在机制。

然而，在解释通过复杂模型所显示的生态学现象时，应当非常仔细，因为不同的生态过程或机制可能引起相同的格局。下文我们将进一步解释通过不同模型所揭示的羊草种群在不同恢复演替阶段所出现的格局特征。

前文的分析表明羊草种群在不同恢复演替阶段的整个取样尺度范围内均呈现聚集分布。在自然条件下，植物种群呈现聚集分布，其成因可归结为：种子降落在母体周围，萌发后形成聚簇的幼株群；营养繁殖的植物通过根茎在母体周围产生新个体而呈现聚集分布；生境的异质引起种群聚集生长。羊草种群的这种聚集分布的格局形式不是由生境异质所致，因为在测定种群格局时，我们选择的是地表平坦、具有代表性的生境均质的群落片段。另外，其也不可能是种子分布繁殖的结果，因为羊草种群通过种子产生新生个体的可能性非常小（陈敏和王艳华，1985；杨允菲和祝廷成，1989）。那么，羊草种群在恢复演替过程中所表现出的格局当为以母体为中心的根茎繁殖格局，这是由羊草种群的生物学特性决定的。羊草为根茎型禾草，以根茎繁殖居主导。羊草根茎生长的特点是主枝与侧枝（地下发育的根茎）基本成垂直方向。在距母体 5～8 cm 的地方根茎向上弯曲，钻出土壤表面形成新的地上个体。而这种新地上个体又产生水平的地下根茎，同样在 5～8 cm 的距离内钻出地面形成嫩枝（陈敏和王艳华，1985）。

羊草种群在严重退化的群落和恢复 5 年的群落中均符合嵌套双聚块模型，而在恢复演替的第 8 年和第 21 年的群落中则与泊松聚块模型相吻合。那么，我们如何解释这一生态学现象？

过度放牧导致的严重退化的草原群落植物个体小型化（王炜等，2000），且群落中存在剩余资源而无竞争（王炜等，1996a，1996b）。为了抵制过度的放牧压力，

大量小型化的羊草种群个体聚集在一起，从而使得种群领地密度增大，种群格局表现为嵌套双聚块过程。当群落围栏封育解除牧压后，在群落恢复的早期，由于剩余资源的驱动，羊草种群拓殖，个体数目增加，种群领地密度增加，在恢复 5 年的群落中，羊草种群格局符合嵌套双聚块模型。随着恢复演替时间的推移，羊草种群小型化的个体正常化，羊草种群聚块内的剩余资源消失，种内竞争变得激烈，种群自疏发生，种群领地密度下降，羊草种群大尺度聚块中较高密度的小聚块消失。于是，在恢复 8 年和恢复 21 年的群落中，羊草种群格局表现为泊松聚块模型。

如果这一生态学现象是种群密度所致，那么在恢复 8 年的群落中羊草种群格局当符合嵌套双聚块过程，而不是泊松聚块模型，因为恢复 8 年的群落中羊草的种群密度大于恢复 5 年的群落（表 1-4）。这说明种群密度不能解释这一生态学现象。而种群领地密度能够对其做出很好的解释，如上文所述。那么，种群密度为什么不能解释这一生态学现象呢？通过表 1-4 可以看出，在恢复演替过程中，羊草种群密度先增加后降低，其领地密度也是如此，但是二者并不同步，在恢复演替的第 8 年（恢复演替 8 年的群落）种群密度增大而领地密度降低。这说明羊草种群在恢复演替的第 8 年，一方面通过拓殖占据种群领地以外的其他剩余资源而种群增长，另一方面在种群聚集分布的聚块内种内竞争引发自疏，由于拓殖大于自疏，结果是种群密度增加，种群总体在增长，而种群领地密度下降，较高密度的小聚块消失，在恢复 8 年的群落中虽然种群密度较恢复 5 年的群落大，可是在种群聚集分布的聚块内不存在较高密度的小聚块，体现在空间格局上则符合泊松聚块模型。由此可见，羊草种群在恢复演替过程中的密度变化不能反映种内竞争，故不能解释种群空间格局的内在特征。

1.5 空间尺度对邻体密度的重要性

尺度（Scale）是对某研究对象或现象的空间或时间的度量，即观察或研究的实体或过程的空间或时间单位（王孟本和毋月莲，2004）。在生态学中，几乎所有的特征和现象都受限于一定的时间和空间范围（Le Moine and Chen，2003），也就是说具有尺度依赖性。因此，在生态学的研究中，从问题的提出到科学假设的推理演绎，乃至实验设计及数据分析，都应考虑尺度问题，否则得出的结论将会不尽合理甚至错误。

种群密度（Density）通常是指单位面积（或空间）中种群的个体数量。它是生态学中最基本的概念之一，也是生态学研究中最常用的指标之一。在植物生态学中，种群密度通常通过统计一定面积内种群的个体数量得以实现（杨持，2008），其值代表取样面积内种群个体的平均状态。种群密度的这种计算忽略了种群结构，也就是说在群落中，种群个体可能以不同的局部密度存在，对于某一种群而言，通过不同的空间尺度可能获得不同的种群密度（Kunin，1997；Mayor and Schaefer，2005；Richard and William，2007）。这样，尺度对密度而言可能具有重要的生态学意义。

实际上，尺度对密度测定的重要性在生态学的研究中已经逐渐被生态学家所重视（Freeman and Smith，1990；Ives et al.，1993；Jarosik and Lapchin，2001；Legaspi B and Legaspi J，2005）。在研究实践中，如果不考虑适当的取样尺度，可能就不会发现密度效应的重要意义（Heads and Lawton，1983；Ray and Hastings，1996；Hixon et al.，2002）。

在前人的研究中，尺度对密度的重要意义主要集中在种群密度与取样面积之间的联系上（Connor et al.，2000；Stephen，2000；Mayor and Schaefer，2005）。归纳起来，有 3 种情况被探讨：其一，随着取样面积的增加，种群密度保持常数（Macarthur and Wilson，1967）；其二，种群密度随着取样面积的增加而降低（Gaston and Matter，2002）；其三，种群密度随着取样面积的增加而增加（Gaston and Matter，2002）。种群密度与尺度的关系除了与取样面积存在联系之外，其他方面也值得特别关注。比如，在植物群落中，由于种群个体不能移动，个体间的相互作用会发生在邻体间（Turkington and Harper，1979）。这样，在实际的生态学研究中，大

家可能产生过这样的想法：在一定的取样范围内，对于同一种群而言，该种群的邻体密度随着空间尺度的改变会发生怎样的变化呢？抑或是某一物种相对于另一物种而言，随着空间尺度的变化其邻体密度将如何变化？这也是与尺度有关的种群密度问题。如果这样的密度指标能够计算，可能会发现一些常规密度不能发现的生态学现象，解决一些常规密度不能解决的问题，其生态学意义可能颇大，应属于生态学基础范畴。然而，在前人的研究中尚未发现正式提出有关不同尺度下种群邻体密度及应用的文献，鉴于认识邻体密度随尺度变化的规律可能具有重要的生态学意义，本节提出这样的问题，并应用 O-Ring 函数计算这样的密度，通过在内蒙古典型草原的研究实例进行说明。

1.5.1 O-Ring 函数

在种群空间格局研究中，点格局是最常用的方法，其基础数据为种群个体在研究区域内的平面坐标。Ripley's *K* 函数（Ripley，1977）和成对相关函数（pair correlation function）（Wiegand and Moloney，2004）[一般表示为 $g(r)$]为点格局中的两个基本的分析方法。Ripley's *K* 函数是一个累积分布函数，小尺度空间格局的累积会影响较大尺度的空间格局（Wiegand and Moloney，2004）。成对相关函数源于 Ripley's *K* 函数，克服了 Ripley's *K* 函数的累积效应，二者关系为 $g(r)=(2\pi r)^{-1}\mathrm{d}K(r)/dr$。此外，还有一种点格局的分析方法：O-Ring 函数，一般表示为 $O(r)$，其中，$O(r)=\lambda g(r)$。O-Ring 函数的数学表达式为

$$O^{w}(r)=\frac{\dfrac{1}{n}\sum_{i=1}^{n}\text{Points}[R_i^{w}(r)]}{\dfrac{1}{n}\sum_{i=1}^{n}\text{Area}[R_i^{w}(r)]} \tag{1-13}$$

式中，n——研究区域内点（植物个体）的数量；

$R_i^{w}(r)$——以第 i 点为圆心，r 为半径，w 为宽的圆环；

$\text{Points}[R_i^{w}(r)]$——圆环内点的数量；

$\text{Area}[R_i^{w}(r)]$——圆环的面积。

在同一尺度下，圆环面积处处相等，故令 $\text{Area}[R_1^{w}(r)]=\text{Area}[R_2^{w}(r)]=\cdots=\text{Area}[R_i^{w}(r)]=\cdots=\text{Area}[R_{n-1}^{w}(r)]=\text{Area}[R_n^{w}(r)]=\text{A}_r$，这样可将式（1-13）展开：

$$O^w(r)=\frac{\frac{1}{n}\sum_{i=1}^{n}\text{Points}[R_i^w(r)]}{\frac{1}{n}\sum_{i=1}^{n}\text{Area}[R_i^w(r)]}=\frac{\frac{1}{n}\sum_{i=1}^{n}\text{Points}[R_i^w(r)]}{\text{A}_r}$$

$$=\frac{1}{n}\left[\frac{\text{Points}\left(R_1^w\right)}{\text{A}_r}+\frac{\text{Points}\left(R_2^w\right)}{\text{A}_r}+\cdots+\frac{\text{Point}\left(R_{n-1}^w\right)}{\text{A}_r}+\frac{\text{Point}\left(R_n^w\right)}{\text{A}_r}\right]$$

可见，$O(r)$描述了在 r 尺度下种群的平均密度，也就是说应用 $O(r)$能够计算种群在不同尺度下的邻体密度。

通过 $O(r)$既可以计算单一种群在不同尺度下的邻体密度，也可以计算一个物种相对另一个物种在不同尺度下的邻体密度。为了区分，通常用式（1-14）表示单一种群，而用式（1-15）表示一个种群相对另一个种群。

$$O_{11}^w(r)=\frac{\frac{1}{n_1}\sum_{i=1}^{n_1}\text{Points}_1[R_{1,i}^w(r)]}{\frac{1}{n_1}\sum_{i=1}^{n_1}\text{Area}[R_{1,i}^w(r)]} \tag{1-14}$$

式中，n_1——研究区域内某一种群个体的数量；

$R_{1,i}^w(r)$——以该种群中的第 i 点为圆心，r 为半径，w 为宽的圆环；

$\text{Points}_1[R_{1,i}^w(r)]$——圆环内该种群的个体数量；

$\text{Area}[R_{1,i}^w(r)]$——圆环的面积。

$$O_{12}^w(r)=\frac{\frac{1}{n_1}\sum_{i=1}^{n_1}\text{Points}_2[R_{1,i}^w(r)]}{\frac{1}{n_1}\sum_{i=1}^{n_1}\text{Area}[R_{1,i}^w(r)]} \tag{1-15}$$

式中，n_1——研究区域内种群 1 的个体数量；

$R_{1,i}^w(r)$——以种群 1 中的第 i 点为圆心，r 为半径，w 为宽的圆环；

$\text{Points}_2[R_{1,i}^w(r)]$——圆环内种群 2 的个体数量；

$\text{Area}[R_{1,i}^w(r)]$——圆环的面积。

1.5.2 研究实例

1. 实验设计

此次实验于2004年7月在内蒙古锡林郭勒盟典型草原地带中国科学院草原生态系统定位研究站设置的围栏样地内进行。实验样地的选择参考本章 1.4.2。

我们选择了3个处于不同恢复演替阶段的样地，具体情况参考本章1.4.2。

本实验测定了上述3个样地中羊草和米氏冰草（*Agropyron michnoi*）两个优势种群的空间数据（种群个体的坐标），见图1-12。这样，我们得到了一个恢复演替序列：严重退化的群落（零恢复群落）、恢复8年的群落和恢复21年的群落。为了消除生境异质性对实验的影响，在空间数据测定时，我们在各样地中选择地表平坦、群落外貌均匀且具有代表性的5 m×5 m的群落片段。

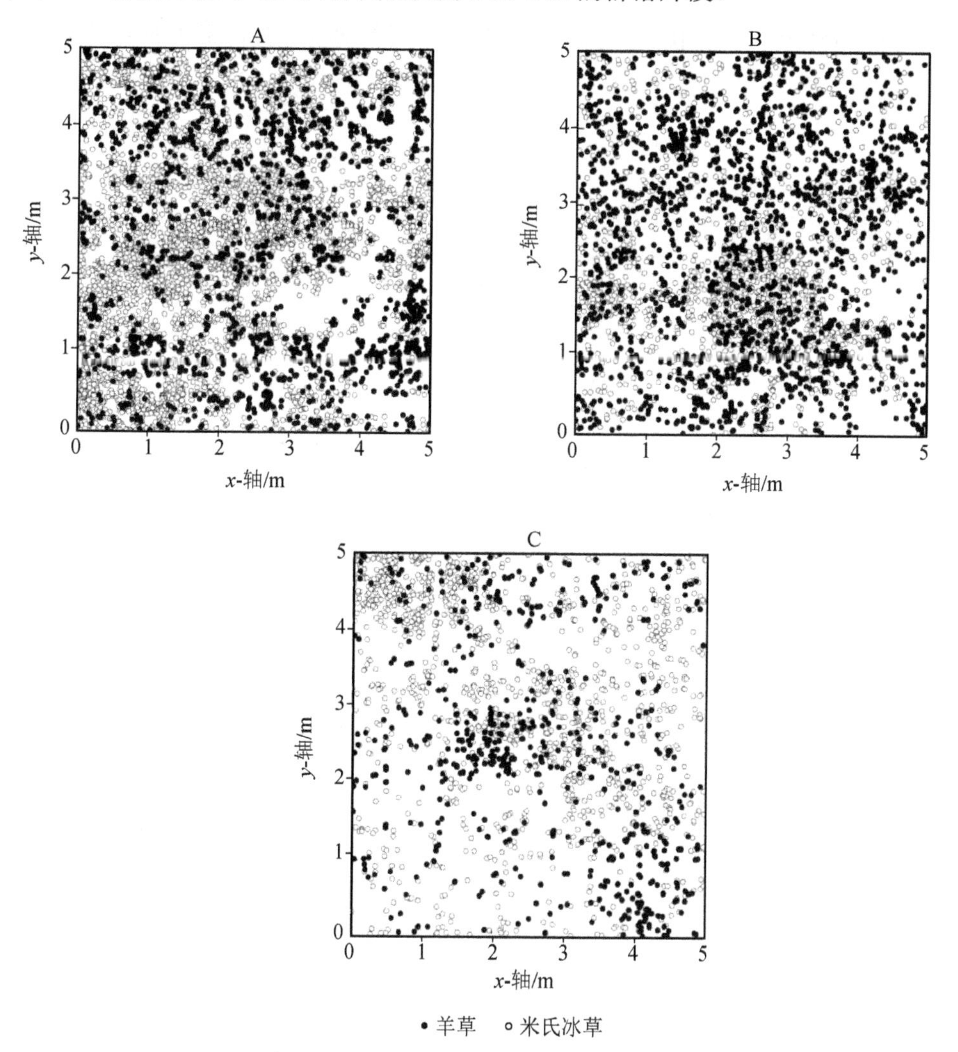

图1-12 不同恢复演替阶段羊草与米氏冰草种群的位点图

A. 严重退化群落；B. 恢复8年群落；C. 恢复21年群落

数据计算在 Programita（Wiegand and Moloney，2004）软件下完成。

2. 基于 O-Ring 函数的不同尺度下的种群邻体密度分析

通过对不同尺度下的种群邻体密度分析，可以看出羊草种群邻体密度在小尺度范围内严重退化群落高于恢复 8 年和恢复 21 年群落（图 1-13A），种群密度则是恢复 8 年群落＞严重退化群落＞恢复 21 年群落（表 1-5）；米氏冰草种群的邻体密度在整个取样尺度范围内严重退化群落高于其他两个恢复群落（图 1-13B），种群密度为严重退化群落＞恢复 8 年群落＞恢复 21 年群落（表 1-5）。

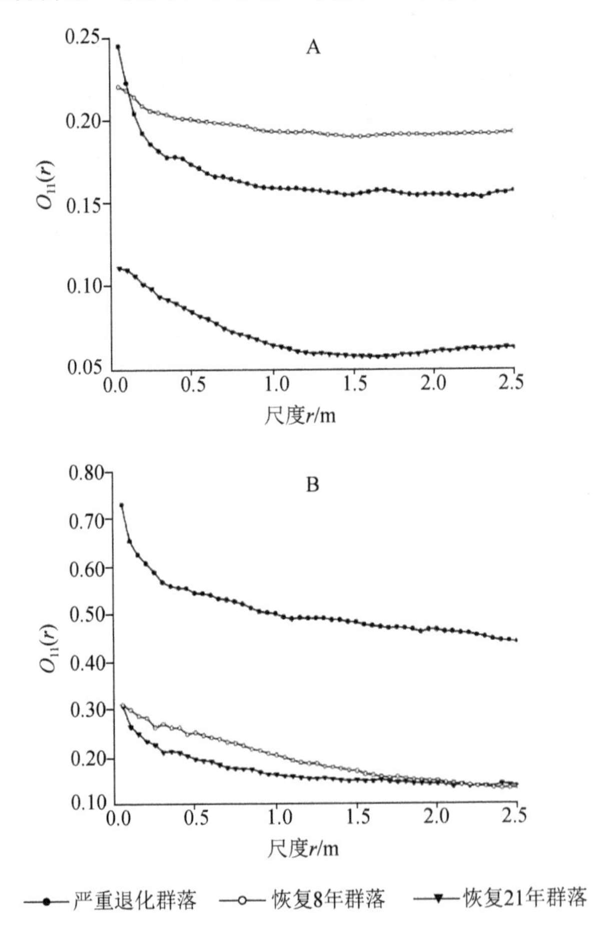

图 1-13　不同恢复演替阶段羊草与米氏冰草种群在不同尺度下的邻体密度

A. 羊草；B. 米氏冰草

表 1-5　不同恢复演替阶段的种群密度　　单位：株/m^2

种群	严重退化群落	恢复 8 年群落	恢复 21 年群落
羊草	65.96	74.76	25.04
米氏冰草	175.92	59.12	57.44

米氏冰草种群相对于羊草种群而言，在严重退化的群落中，其邻体密度随着尺度的增加而呈增加趋势（图 1-14 A）；在恢复 8 年和恢复 21 年群落中，则随着尺度的增加而呈降低趋势（图 1-14 B，C）。而羊草种群的邻体密度，在 3 个群落中均随着尺度的增加而呈降低趋势（图 1-14）。

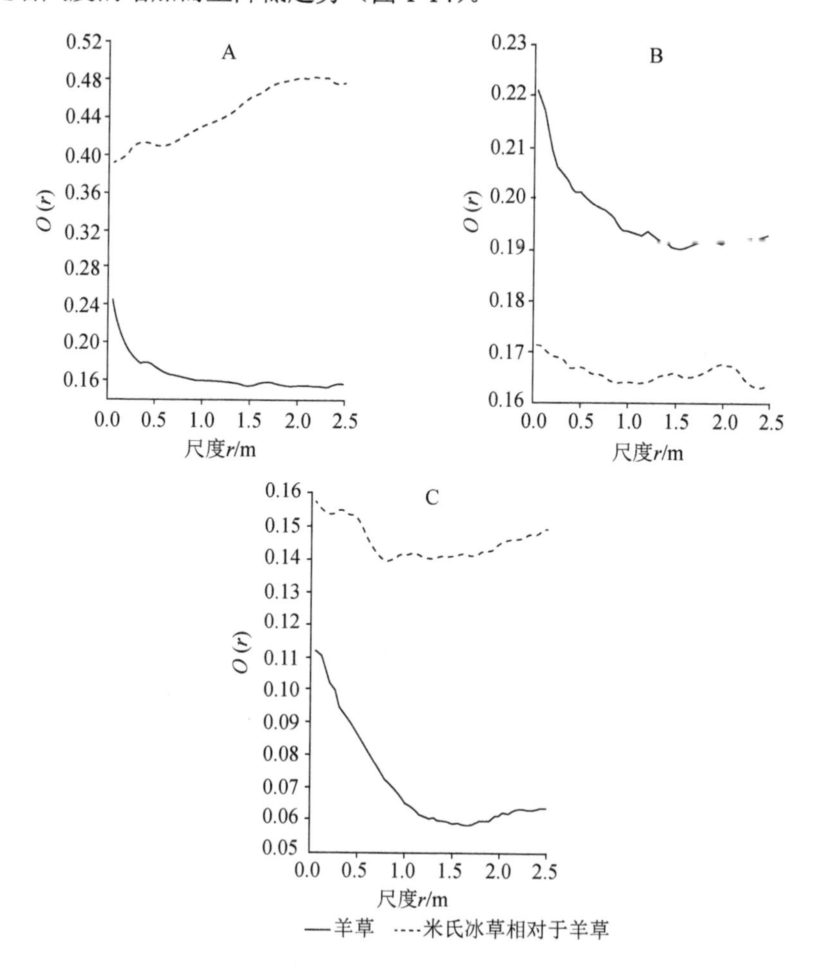

图 1-14　不同恢复演替阶段羊草与米氏冰草相对于羊草在不同尺度下的邻体密度

A. 严重退化群落；B. 恢复 8 年群落；C. 恢复 21 年群落

在严重退化群落中，羊草种群的邻体密度与米氏冰草种群相对于羊草种群的邻体密度随着尺度的变化趋势相反（图 1-14 A），这表明羊草种群的高密度区与米氏冰草种群的高密度区是分离的；在恢复 8 年和恢复 21 年群落中，则随着尺度的变化趋势相对一致（图 1-14 B，C），这说明羊草种群的高密度区与米氏冰草种群的高密度区是重合的。

1.5.3 讨论

由于生态学现象或问题都不同程度地表现出尺度依赖性，在生态学研究过程中，或许有许多生态学研究者试图计算不同尺度下的种群邻体密度，可能是因为未找到理想的方法而没能实现。实际上，在种群格局分析方法中，O-Ring 函数（Ripley，1981；Galiano，1982）所计算的是种群在不同尺度下的邻体密度，但是在实践中却很少使用，更无人应用此函数关注邻体密度随尺度变化而变化的规律。尽管 Wiegand and Moloney（2004）较为详细地论述了该函数，并将其应用于种群空间格局分析中，但他们并没有把该函数能够计算不同尺度下的种群邻体密度应用于实践，此后，也未发现与之有关的研究。这可能是因为生态学家在研究种群格局时只关注与格局有关的过程或格局类型，而不关心种群在不同尺度下的邻体密度变化。在本项研究中，我们把尺度与邻体密度联系起来，从而描述种群邻体密度随尺度变化的规律，并用 O-Ring 函数成功进行计算。

在研究实例中，羊草和米氏冰草种群的邻体密度在小尺度范围内严重退化的群落均高于处于恢复演替阶段的群落，而种群密度并未表现出此特征。这说明考虑不同尺度下的邻体密度能够揭示一些种群密度不能检测到的生态学现象。那么，应该怎样解释这一现象？

严重退化的草原群落植物个体小型化（王炜等，2000），优势种群的空间格局表现为嵌套双聚块结构（王鑫厅等，2011）。种群个体小型化和嵌套双聚块结构被认为是种群易化作用（正相互作用）的结果（王鑫厅等，2011）。胁迫梯度假说（stress gradient hypothesis）（Bertness and Callaway，1994；Callaway and Walker，1997；Callaway，2007）认为，随着环境胁迫的增加，易化作用的重要性或强度将增加，而竞争将减弱。这种相互作用的转化可以通过不同的指标得以证明，比如生物量、密度、形态构成等。我们的研究对象零恢复群落（严重退化群落）、恢复 8 年群落、恢复 21 年群落构成了一个随放牧压力的增强依次递减的序列，形成一个胁迫梯

度。在高压力胁迫一侧（严重退化群落），羊草和米氏冰草种群在局部小尺度范围内种群邻体密度高于低压力胁迫一侧（恢复 8 年群落和恢复 21 年群落）（图 1-13），这样的结果证明了胁迫梯度假说；同时也说明了羊草和米氏冰草种群的邻体密度在小尺度范围内严重退化的群落高于处于恢复演替阶段的群落，这一生态学现象为放牧胁迫下正相互作用所致。

在分析米氏冰草种群相对于羊草种群的邻体密度时，发现在严重退化的群落中羊草种群的高密度区与米氏冰草的高密度区是分离的，说明二者的种间关联为负联结；而在恢复 8 年和恢复 21 年群落中两个种群的高密度区是重合的，表明两者的种间关联为正联结。这也是非常有意思的生态学现象，那么，如何认识这一现象呢？

种间关联是指不同物种在数量上和空间分布上的相互关联性（王孟本和毋月莲，2004）。其中，负联结是指一个物种与另一个物种相互分离的现象（分离）；而正联结则指两个物种共同出现的概率很高（混合或重叠）。种间关联主要受生境和物种间相互作用（Wiegand et al.，2007a）影响。对于生境，如果两个物种偏好相同类型的生境条件，则种间关联可能表现为正联结；若两个物种偏好于不同类型的生境条件，种间关联为负联结。就物种间的相互作用而言，如果是易化，种间关联为正联结；若是竞争，则表现为负联结。

首先，在严重退化的群落中羊草与米氏冰草的种间关联为负联结。这种负联结是生境异质还是竞争所致？在空间数据测定时，为了消除生境异质性对实验结果的影响，我们在各样地中选择地表平坦、具有代表性、群落外貌均匀、生境均质的群落片段，这样的取样基本排除了生境异质这一导因。进而，我们会认为这样的结果应该是竞争所致。可是，在严重退化的群落中存在剩余资源而无竞争（王炜等，1996a，1996b），这说明竞争也不是负联结形成的原因。既然生境异质性和竞争都不是负联结形成的主要原因，又该如何诠释呢？我们认为这种负联结应该是种群易化（正相互作用）的结果。在严重退化的群落中，放牧压力过度，种群无一不受其影响，结果是种群个体小型化，生态位收缩（王炜等，2000），释放资源空间，群落中存在剩余资源而无竞争（王炜等，1996a，1996b）。在这样的条件下，羊草和米氏冰草种群为了抵御放牧胁迫实现自我帮助以达到自我保护的目的，各自在母体周围繁殖大量小型化个体，这些个体在小尺度范围内各自形成高密度的小聚块，即羊草和米氏冰草种群的邻体密度在小尺度范围内严重退化的群落高

于处于恢复演替阶段的群落（图 1-13），从而抵御家畜的采食和践踏，在空间分布上，两个种群斑块的高密区并不重合，故表现在种间关联上为负关联。这样，严重退化群落中，羊草与米氏冰草的种间负关联主要是种群为了抵御放牧压力实现自我保护在易化作用下的母体周围繁殖大量小型化个体所致。

接下来，在恢复 8 年和恢复 21 年群落中，羊草和米氏冰草之间为正联结。为什么随着恢复演替时间的推移，二者之间的种间关联会由严重退化群落中的负联结转化为正联结呢？当严重退化的群落围栏封育后，放牧胁迫的影响逐渐弱化，群落中的正相互作用向负相互作用转化，这种负相互作用首先主要表现为种内竞争，因为羊草和米氏冰草种群周围在小尺度范围内聚集着大量高密度的小型化的个体，随着种群个体的正常化（王炜等，2000），拥挤首先在此发生，种内竞争引发自疏。因自疏出现资源空间，这些空间为另一种群的侵入提供条件。当另一种群个体侵入后，不同种群开始融合，种间竞争开始变得激烈，在一个种群因竞争排斥出另一个种群前，两个种群因融合而表现出正关联。故我们认为在恢复 8 年和恢复 21 年群落中羊草和米氏冰草间的正联结，当为竞争所致。如果羊草和米氏冰草二者的竞争能力相当，这种正关联将持续；否则，某一方将会因竞争而在对方斑块内衰退，种间关联表现为负联结。

可见，在严重退化的草原群落中，由于放牧胁迫的存在，羊草和米氏冰草为了抵御这种胁迫，种群个体间通过正相互作用实现自我帮助达到自我保护的目的。因植物群落中种群个体不能移动，这种正相互作用通常发生在相邻个体间（Turkington and Harper，1979），故两个种群各自在母体周围繁殖大量小型化的个体，使种群的邻体密度在小尺度范围变高，种间关联表现为负联结，这表明在严重退化群落中羊草和米氏冰草种群的正相互作用发生在种内。当严重退化的群落围栏封育后，放牧胁迫的影响逐渐消失，种群个体间的负相互作用增强，起初这种负相互作用主要为种内竞争，后来则是种间竞争居主导，当两个种群因种间竞争而处于相持阶段时，种群相互融合而表现出正联结。

通过上文的研究实例可以看出，考虑邻体密度随尺度的变化而变化，计算单一种群以及某一种群相对于另一种群在不同尺度下的邻体密度，能够发现一些有价值的生态学现象，这些现象或许不能被其他生态学指标所揭示，比如通常意义上的密度。故期望生态学家将不同尺度下的种群邻体密度应用于实际的生态学研究中，以发现和解决生态学问题。

参考文献

陈敏，王艳华，1985. 栽培条件下羊草生物学特性的观察[J]. 草原生态系统研究，1：212-223.

汤国安，赵牡丹，2000. 地理信息系统[M]. 北京：科学出版社.

王孟本，毋月莲，2004. 英汉生态学词典[M]. 北京：科学出版社.

王炜，梁存柱，刘钟龄，等，2000. 草原群落退化与恢复演替中的植物个体行为分析[J]. 植物生态学报，24(3)：268-274.

王炜，刘钟龄，郝敦元，等，1996a. 内蒙古草原退化群落恢复演替的研究：Ⅰ. 退化草原的基本特征与恢复演替动力[J]. 植物生态学报，20(5)：449-459.

王炜，刘钟龄，郝敦元，等，1996b. 内蒙古草原退化群落恢复演替的研究：Ⅱ.恢复演替时间进程的分析[J]. 植物生态学报，20(5)：460-471.

王鑫厅，侯亚丽，刘芳，等，2011. 羊草+大针茅草原退化群落优势种群空间点格局分析[J]. 植物生态学报，35(12)：1281-1289.

王鑫厅，王炜，梁存柱，2009. 典型草原退化群落不同恢复演替阶段羊草种群空间格局的比较[J]. 植物生态学报，33(1)：63-70.

王鑫厅，王炜，刘佳慧，等，2006. 植物种群空间分布格局测定的新方法：摄影定位法[J]. 植物生态学报，30(4)：571-575.

杨持，2008. 生态学[M]. 2版. 北京：高等教育出版社.

杨允菲，祝廷成，1989. 羊草种群种子生产的初步研究[J]. 植物生态学与地植物学学报，13(1)：73-78.

喻泓，杨晓晖，慈龙骏，2009. 地表火对红花尔基沙地樟子松种群空间分布格局的影响[J]. 植物生态学报，33(1)：71-80.

张金屯，1998. 植物种群空间分布的点格局分析[J]. 植物生态学报，22(4)：344-349.

中国科学院内蒙古宁夏综合考察队，1985. 内蒙古植被[M]. 北京：科学出版社：572-602.

Barot S, Gignoux J, Menaut J C, 1999. Demography of a savanna palm tree: predictions from comprehensive spatial pattern analyses[J]. Ecology, 80(6): 1987-2005.

Batista J L F, Maguire D A, 1998. Modeling the spatial structure of topical forests[J]. Forest Ecology and Management, 110(1): 293-314.

Bertness M D, Callaway R M, 1994. Positive interactions in communities[J]. Trends in Ecology&Evolution, 9(5): 191-193.

Besag J, 1977. Contribution to the discussion of Dr. Ripley's paper[J]. Journal of the Royal Statistical Society, Series B,

39: 193-195.

Callaway R M, 2007. Positive Interactions and Interdependence in Plant Communities[M]. Netherlands: Springer.

Callaway R M, Walker L R, 1997. Competition and facilitation:a synthetic approach to interactions in plant communities[J]. Ecology, 78(7): 1958-1965.

Chacón-Labella J, Cruz M, Escudero A, 2016. Beyond the classical nurse species effect: diversity assembly in a Mediterranean semi-arid dwarf shrubland[J]. Journal of Vegetation Science, 27(1): 80-88.

Condit R, Ashton P S, Baker P, et al., 2000. Spatial patterns in the distribution of tropical tree species[J]. Science, 288(5470): 1414-1418.

Connor E F, Courtney A C, Yoder J M, 2000. Individuals-area relationships: the relationship between animal population density and area[J]. Ecology, 81(3): 734-748.

Dale M R T, 1999. Spatial pattern analysis in plant ecology[M]. Cambridge: Cambridge University Press.

Dale M R T, Macisaac D A, 1989. New methods for the analysis of spatial pattern in vegetation[J]. Journal of Ecology, 77(1): 78-91.

Diggle P J, 2013. Statistical analysis of spatial and spatio-temporal point patterns[M]. Boca Ratch: CRC Press.

Diggle P J, 2003. Statistical analysis of point patterns[M]. London: Arnold.

Diggle P J, 1983. Statistical Analysis of Spatial Point Patterns[M]. New York: Academic Press.

Dixon P M, 2002. Ripley's K function[J]. Encyclopedia of Environmetrics, 3: 1796-1803.

Freeman B E, Smith D C, 1990. Variation of density dependence with spatial scale in the leaf-mining fly *Liriomyza commelinae* (Diptera, Agromyzidae)[J]. Ecological Entomology, 15(3): 265-274.

Galiano E F, 1983. Detection of multi-species patterns in plant populations[J]. Vegetatio, 53(3): 129-138.

Galiano E F, 1982. Pattern detection in plant populations through the analysis of plant-to-all-plants distances[J]. Vegetatio, 49(1): 39-43.

Gaston K J, Matter S F, 2002. Individuals-area relationships: comment[J]. Ecology, 83(1): 288-293.

Graff P, Aguiar M R, 2011. Testing the biotic stress in the stress gradient hypothesis. Processes and patterns in arid rangelands[J]. Oikos, 120(7): 1023-1030.

Greig-Smith P, 1987. Quantitative Plant Ecology[M]. London: Butterworths.

Heads P A, Lawton J H, 1983. Studies on the natural enemy complex of the holly leaf-miner: the effects of scale on the detection of aggregative responses and the implications for biological control[J]. Oikos, 40(40): 267-276.

Hixon M A, Pacala S W, Sandin S A, 2002. Population regulation: historical context and contemporary challenges of open vs. closed systems[J]. Ecology, 83(6): 1490-1508.

Ives A R, Kareiva P, Perry R, 1993. Response of a predator to variation in prey density at 3 hierarchical scales-lady

beetles feeding on aphids[J]. Ecology, 74(7): 1929-1938.

Jarosik V C, Lapchin L, 2001. An experimental investigation of patterns of parasitism at three spatial scales in an aphid-parasitoid system (Hymenoptera: Aphidiidae)[J]. European Journal of Entomology, 98(3): 295-299.

Kershaw K A, 1959a. An investigation of the structure of a grassland community. II. The pattern of *Dactylis glomerata Lolium perenne*, and *Trifolium repens*[J]. Journal of Ecology, 47(1): 31-43.

Kershaw K A, 1959b. An investigation of the structure of a grassland community. III. Discussion and conclusions[J]. Journal of Ecology, 47(1): 44-53.

Kershaw K A, 1963. Pattern in vegetation and its causality[J]. Ecology, 44(2): 377-388.

Kershaw K A, Looney J H, 1985. Quantitative and dynamic ecology[M]. London: Edward Arnold.

Krahulec F, Agnew AD Q, Agnew S, et al., 1990. spatial processes in plant communities[M]. Prague: Academia.

Kunin W E , 1997. Population size and density effects in pollination: pollinator foraging and plant reproductive success in experimental arrays of *Brassica kaber*[J]. Journal of Ecology, 85(2): 225-234.

Law R, Illian J, Burslem DFRP, et al., 2009. Ecological information from spatial patterns of plants: insights from point process theory[J]. Journal of Ecology, 97(4): 616-628.

Le Moine J M, Chen J Q, 2003. Placing our hypotheses and results in time and space[J]. Acta Phytoecologica Sinica, 27(1): 1-10.

Legaspi B C, Legaspi J C, 2005. Foraging behavior of field populations of *Diadegma* spp. (Hymenoptera: Ichneumonidae): testing for density-dependence at two spatial scales[J]. Journal of Entomological Science, 40(3): 295-306.

Lepš J, 1990. Can underlying mechanisms be deduced from observed patterns[M]? In: Krahulec F, Agnew ADQ, Agnew S, Willems JH eds. Spatial Processes in Plant Communities. The Hague: SPB Academic Publishing: 1-11.

Levin S A, 1992. The problem of pattern and scale in ecology[J]. Ecology, 73(6): 1943-1967.

MacArthur R H, Wilson E O, 1967. The theory of island biogeog-raphy[M]. Princeton: Princeton University Press.

Mayor S, Schaefer J, 2005. The many faces of population density[J]. Oecologia, 145(2): 275-280.

Mcintire E J B, Fajardo A, 2009. Beyond description: the active and effective way to infer processes from spatial patterns[J]. Ecology, 90(1): 45-56.

Pielou E C, 1968. An introduction to mathematical ecology[M]. New York: Wiley.

Ray C, Hastings A, 1996. Density dependence: are we searching at the wrong spatial scale[J]? Journal of Animal Ecology, 65: 556-566.

Richard M G, William E K, 2007. Density effects at multiple scales in an experimental plant population[J]. Journal of Ecology, 2007, 95(3): 435-445.

Ripley B D, 1981. Spatial statistics[M]. New York: Wiley.

Ripley B D, 1977. Modelling spatial pattern[J]. Journal of the Royal Statistical Society, Series B, 39: 172-212.

Stephen F M, 2000. The importance of the relationship between population density and habitat area[J]. Oikos, 89(3):

613-619.

Stoll P, Prati D, 2001. Intraspecific aggregation alters competitive interactions in experimental plant communities[J]. Ecology, 82(2): 319-327.

Stoyan D, Stoyan H, 1996. Estimating pair correlation functions of planar cluster processes[J]. Biometrical Journal, 38(3): 259-271.

Stoyan D, Stoyan H, 1994. Fractals, random shapes and point fields: Methods of geometrical statistics[M]. New York: Wiley.

Turkington R, Harper J L, 1979. The growth, distribution and neighbour relationships of *Trifolium repens*: a permanent pasture. I. Ordination, pattern and contact[J]. Journal of Ecology, 67(1): 201-218.

Velázquez E, Martínez I, Getzin S, et al., 2016. An evaluation of the state of spatial point pattern analysis in ecology[J]. Ecography, 39(11): 1042-1055.

Ver H J M, Cressie N A C, Glenn-Lewin D C, 1993. Spatial models for spatial statistics: some unification[J]. Journal of Vegetation Science, 4(4): 441-452.

Wang X G, Wiegand T, Hao Z Q, et al., 2010. Species associations in an old-growth temperate forest in north-eastern China[J]. Journal of Ecology, 98(3): 674-686.

Wang X T, Chao J, Liang C Z, 2017. Using digital photographs and GIS to measure the spatial structure in grassland communities with point pattern analysis[J]. Ecosphere, Under Review.

Watson D M, Roshier D A, Wiegand T, 2007. Spatial ecology of a parasitic shrub: pattern and predictions[J]. Austral Ecology, 32: 359-369.

Watt A S, 1947. Pattern and process in the plant community[J]. Journal of Ecology, 35(12): 1-22.

Wiegand T, Gunatilleke S, Gunatilleke N, 2007a. Species associations in a heterogeneous *Sri Lankan Dipterocarp* forest[J]. The American Naturalist, 170(4): 77-95.

Wiegand T, Gunatilleke S, Gunatilleke N, et al., 2007b. Analyzing the spatial structure of a *Sri Lankan* tree species with multiple scales of clustering[J]. Ecology, 88(12): 3088-3102.

Wiegand T, Huth A, Martínez I, 2009. Recruitment in tropical tree species: revealing complex spatial patterns[J]. American Naturalist, 174(4): E106-E140.

Wiegand T, Jeltsch F, Hanski I, et al., 2003. Using pattern-oriented modeling for revealing hidden information: a key for reconciling ecological theory and application[J]. Oikos, 100(2): 209-222.

Wiegand T, Kissling W D, Cipriotti PA, et al., 2006. Extending point pattern analysis to objects of finite size and irregular shape[J]. Journal of Ecology, 94(4): 825-837.

Wiegand T, Moloney K A, 2004. Ring, circles, and null-models for point pattern analysis in ecology[J]. Oikos, 104(2): 209-229.

Wiegand T, Moloney K A, 2014. Handbook of spatial point-pattern analysis in ecology[M]. Boca Ratch: CRC Press.

附 录

对于 Ripley's K 函数，N 个重复取样条件下的数学表达式为

$$\lambda K(r)=\frac{\sum_{i^1=1}^{n^1}\text{Points}[C_{i^1}(r)]+\cdots+\sum_{i^j=1}^{n^j}\text{Points}[C_{i^j}(r)]+\cdots+\sum_{i^N=1}^{n^N}\text{Points}[C_{i^N}(r)]}{\sum_{i^1=1}^{n^1}\text{Area}[C_{i^1}(r)]+\cdots+\sum_{i^j=1}^{n^j}\text{Area}[C_{1,i^j}(r)]+\cdots+\sum_{i^N=1}^{n^N}\text{Area}[C_{1,i^N}(r)]} \quad (附 1\text{-}1)$$

式中，n^j——种群在第 j 个重复取样中的个体数；

$C_{i^j}(r)$——种群在第 j 个重复取样中以第 i 点为圆心，r 为半径的圆；

Points[$C_{i^j}(r)$]——圆 $C_{i^j}(r)$ 内点的数量；

Area[$C_{i^j}(r)$]——圆 $C_{i^j}(r)$ 的面积；

λ——种群密度，由 N 个重复内个体总数除以 N 个重复总面积所得。

通过 $K(r)$既可以分析单一种群的格局特征，也可以分析两个物种的种间关联。为了区分，通常用 $K_{11}(r)$表示单一种群，而用 $K_{12}(r)$表示两个物种，则 $K_{11}(r)$与 $K_{12}(r)$关于 N 个重复的数学表达式为

$$\lambda_1 K_{11}(r)=\frac{\sum_{i^1=1}^{n_1^1}\text{Points}_1[C_{1,i^1}(r)]+\cdots+\sum_{i^j=1}^{n_1^j}\text{Points}_1[C_{1,i^j}(r)]+\cdots+\sum_{i^N=1}^{n_1^N}\text{Points}_1[C_{1,i^N}(r)]}{\sum_{i^1=1}^{n_1^1}\text{Area}[C_{1,i^1}(r)]+\cdots+\sum_{i^j=1}^{n_1^j}\text{Area}[C_{1,i^j}(r)]+\cdots+\sum_{i^N=1}^{n_1^N}\text{Area}[C_{1,i^N}(r)]}$$

（附 1-2）

式中，n_1^j——种群 1 在第 j 个重复取样中的个体数；

$C_{1,i^j}(r)$——种群 1 在第 j 个重复取样中以第 i 点为圆心，r 为半径的圆；

Points$_1$[$C_{1,i^j}(r)$]——种群 1 在圆 $C_{1,i^j}(r)$ 内点的数量；

Area[$C_{1,i^j}(r)$]——圆 $C_{1,i^j}(r)$ 的面积；

λ_1——种群 1 的密度，由种群 1 在 N 个重复内个体总数除以 N 个重复总面积所得。

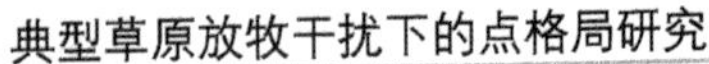

$$\lambda_2 K_{12}(r)=\frac{\sum_{i^1=1}^{n_1^1}\text{Points}_2[C_{1,i^1}(r)]+\cdots+\sum_{i^j=1}^{n_1^j}\text{Points}_2[C_{1,i^j}(r)]+\cdots+\sum_{i^N=1}^{n_1^N}\text{Points}_2[C_{1,i^N}(r)]}{\sum_{i^1=1}^{n_1^1}\text{Area}[C_{1,i^1}(r)]+\cdots+\sum_{i^j=1}^{n_1^j}\text{Area}[C_{1,i^j}(r)]+\cdots+\sum_{i^N=1}^{n_1^N}\text{Area}[C_{1,i^N}(r)]}$$

（附 1-3）

式中，n_1^j——种群 1 在第 j 个重复取样中的个体数；

$C_{1,i^j}(r)$——种群 1 在第 j 个重复取样中以第 i 点为圆心，r 为半径的圆；

$\text{Points}_2[C_{1,i^j}(r)]$——种群 2 在圆 $C_{1,i^j}(r)$ 内点的数量；

$\text{Area}[C_{1,i^j}(r)]$——圆 $C_{1,i^j}(r)$ 的面积；

λ_2——种群 2 的密度，由 N 个重复内种群 2 的个体总数除以 N 个重复总面积所得。

第 2 章　放牧干扰下草原群落的点格局分析

放牧是典型草原最主要的干扰活动。自 20 世纪 90 年代以来，长期过度放牧导致的典型草原的退化已十分严重。因此，典型草原的退化成为生态学研究的热点。本课题组自 1983 年开始关注放牧干扰下典型草原的退化与恢复演替的研究。有关放牧干扰下典型草原退化与恢复演替特征以及退化机理的理论探讨将在第 3 章进行。本章探讨退化与恢复演替群落主要物种的种群点格局特征。

2.1　研究区域与研究方法

2.1.1　研究样地与物种的选择

本课题组的相关研究自 1983 年开始一直在内蒙古锡林郭勒盟典型草原地带中国科学院草原生态系统定位研究站设置的围栏样地内进行。

关于格局的研究选择了 3 个样地进行测定，具体情况请参考第 1 章 1.4 节 1.4.2。

在研究中选择羊草、大针茅、米氏冰草、糙隐子草、落草（*Koeleria cristata*）、双齿葱（*Allium bidentatum*）6 个主要种群为研究对象。羊草是多年生根茎禾草，中旱生-广旱生草原种，内蒙古草原带的主要建群种之一。大针茅为多年生密丛禾草，旱生-草原种，内蒙古地带性典型草原中最典型的建群种。米氏冰草为多年生禾草，旱生-草原种，内蒙古草原带的优势种。糙隐子草为多年生丛生小禾草，旱生-典型草原种，是各种针茅草原、羊草草原的下层优势种，在放牧退化演替的早期草原群落中，可成为优势度最大的植物。落草为多年生密丛禾草，广旱生-草原种，典型草原和草甸草原的常见种，有时在草原群落中作为优势成分或亚优势成分出现。双齿葱为具根茎的多年生鳞茎丛生的草本，旱生-草原种，生于草原带的针茅草原、山地砾质草原，也进入荒漠草原。

2.1.2 种群格局测定方法与分析方法

于 2004 年 7～8 月，在上述 3 个样地中通过摄影技术与地理信息系统技术相结合的方法（详细介绍见第 1 章 1.2 节）测定上述 6 个主要物种的种群格局。在测定时，对于上述每个样地，选择 3 个地表平坦、群落外貌均匀且具有代表性的 5 m × 5 m 的群落片段，即 3 个重复。

在分析种群格局特征时，选择点格局分析中的成对相关函数 $g(r)$（第 1 章 1.1 节），同时选择完全空间随机模型、泊松聚块模型和嵌套双聚块模型（第 1 章 1.4 节）。在分析每个物种种群空间格局时，我们对每一次重复取样分别进行分析，而没使用重复取样下点格局分析的方法（第 1 章 1.3 节），主要是为了检验每一个样地不同重复种群格局特征是否相似，从而证明结论的普适性。

2.2　退化群落主要种群点格局分析

2.2.1　羊草种群点格局分析

羊草种群在严重退化群落中 3 个重复取样关于不同零模型的详细参数见表 2-1，种群分布位点见图 2-1 A_1，图 2-2 A_2 和图 2-3 A_3。

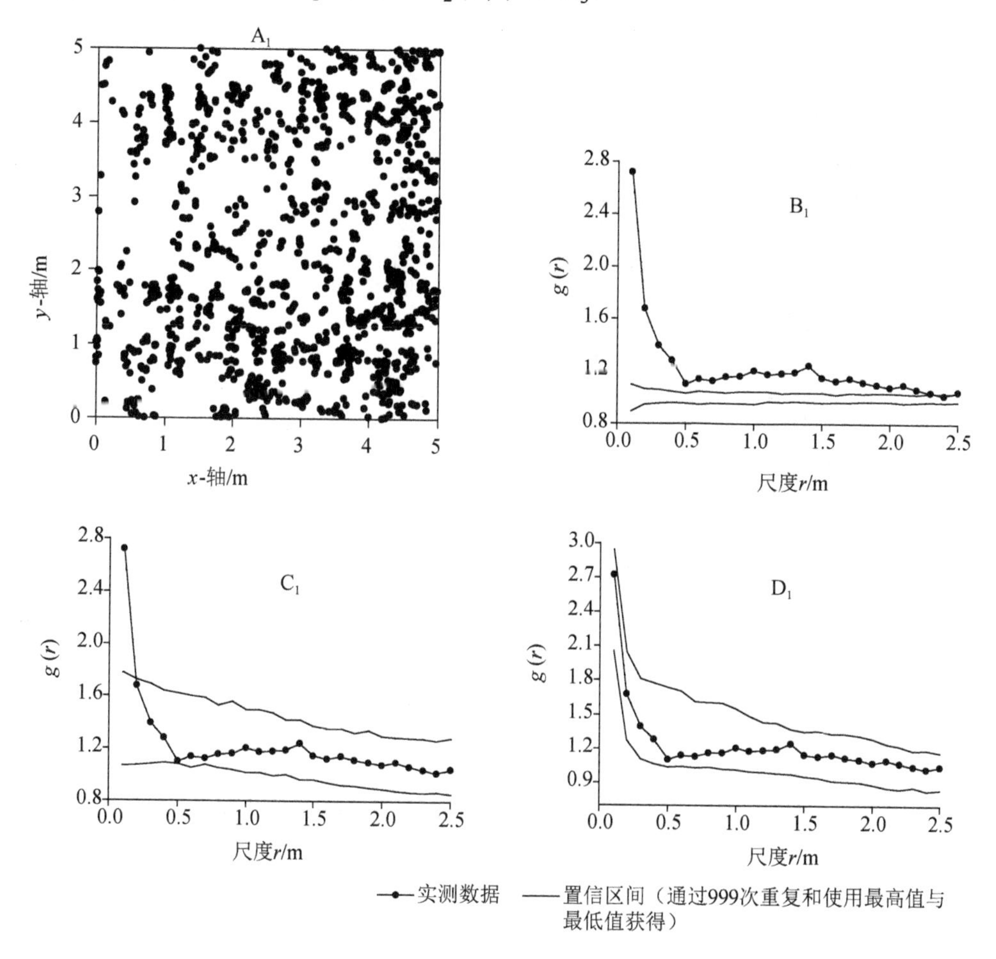

图 2-1　严重退化群落中羊草种群第 1 次取样点格局分析

A_1. 羊草种群个体的位点；B_1. 基于完全空间随机模型；

C_1. 基于泊松聚块模型；D_1. 基于嵌套双聚块模型；下角标 1 指第 1 次取样

表 2-1　严重退化群落羊草种群使用泊松聚块模型和嵌套双聚块模型的单变量分析

重复	复合大尺度聚块格局				小尺度聚块格局		
	n	σ_1	$A\rho_1$	μ_1	σ_2	$A\rho_2$	μ_2
1	1 428	0.449	33.06	43.19	0.038	652.41	2.19
2	1 649	0.151	216.88	7.60	0.013	692.63	2.38
3	969	0.287	28.96	33.46	0.020	63.78	15.19

注：下角标 1 和 2 分别为大尺度和小尺度；A 为研究区域的面积（5 m × 5 m）；$A\rho$ 为研究区域中母体的数量；n 为格局中点的数目；$\mu = n / A\rho$，为在每一聚块中的平均点数；ρ 为母体格局的密度；σ 为聚块尺度参数。

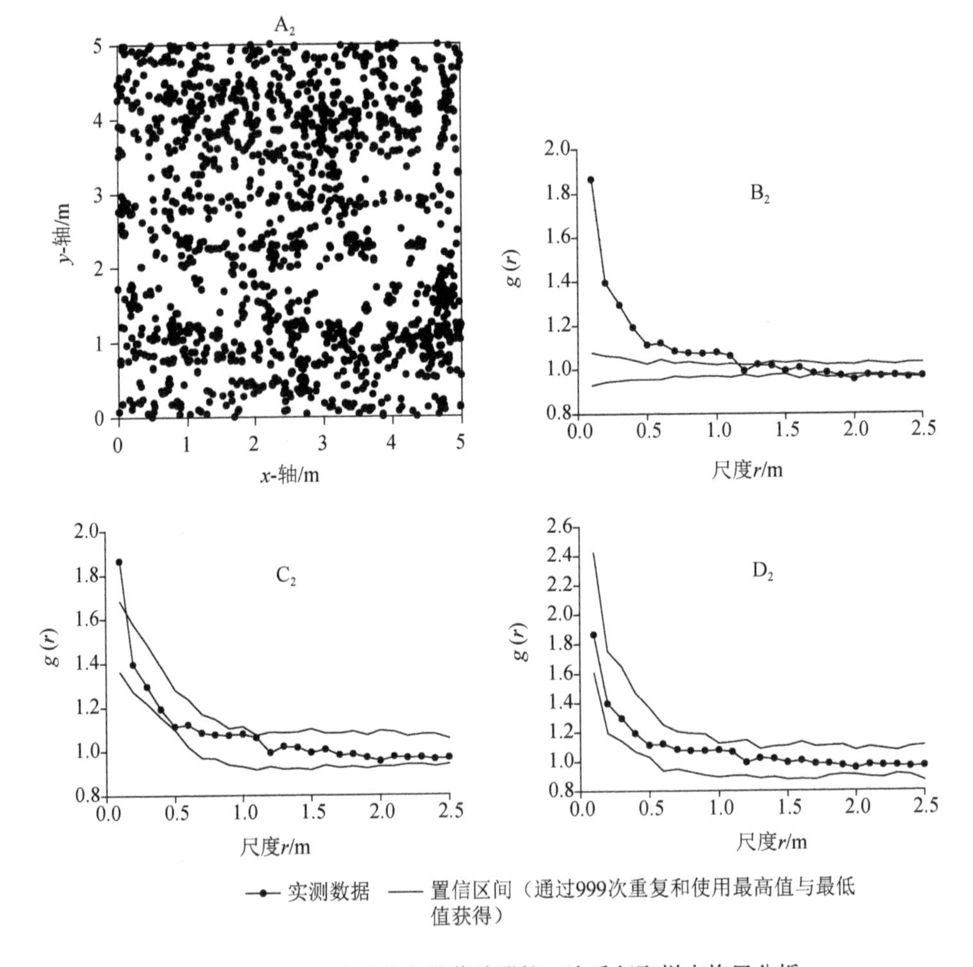

图 2-2　严重退化群落中羊草种群第 2 次重复取样点格局分析

A_2. 羊草种群个体的位点；B_2. 基于完全空间随机模型；

C_2. 基于泊松聚块模型；D_2. 基于嵌套双聚块模型；下角标 2 指第 2 次重复取样

在严重退化群落中，对于完全空间随机模型，羊草种群 3 个重复的格局类型不尽相同，但均在一定尺度范围内偏离完全空间随机模型而呈现聚集分布（图 2-1 B_1，图 2-2 B_2 和图 2-3 B_3）；通过泊松聚块模型发现，羊草种群 3 个重复均在小尺度范围内偏离泊松聚块模型而在较大尺度范围内符合泊松聚块模型（图 2-1 C_1，图 2-2 C_2 和图 2-3 C_3）；进一步使用嵌套双聚块模型发现，羊草种群 3 个重复在整个取样尺度范围内能够很好地被嵌套双聚块模型所描述（图 2-1 D_1，图 2-2 D_2 和图 2-3 D_3）。

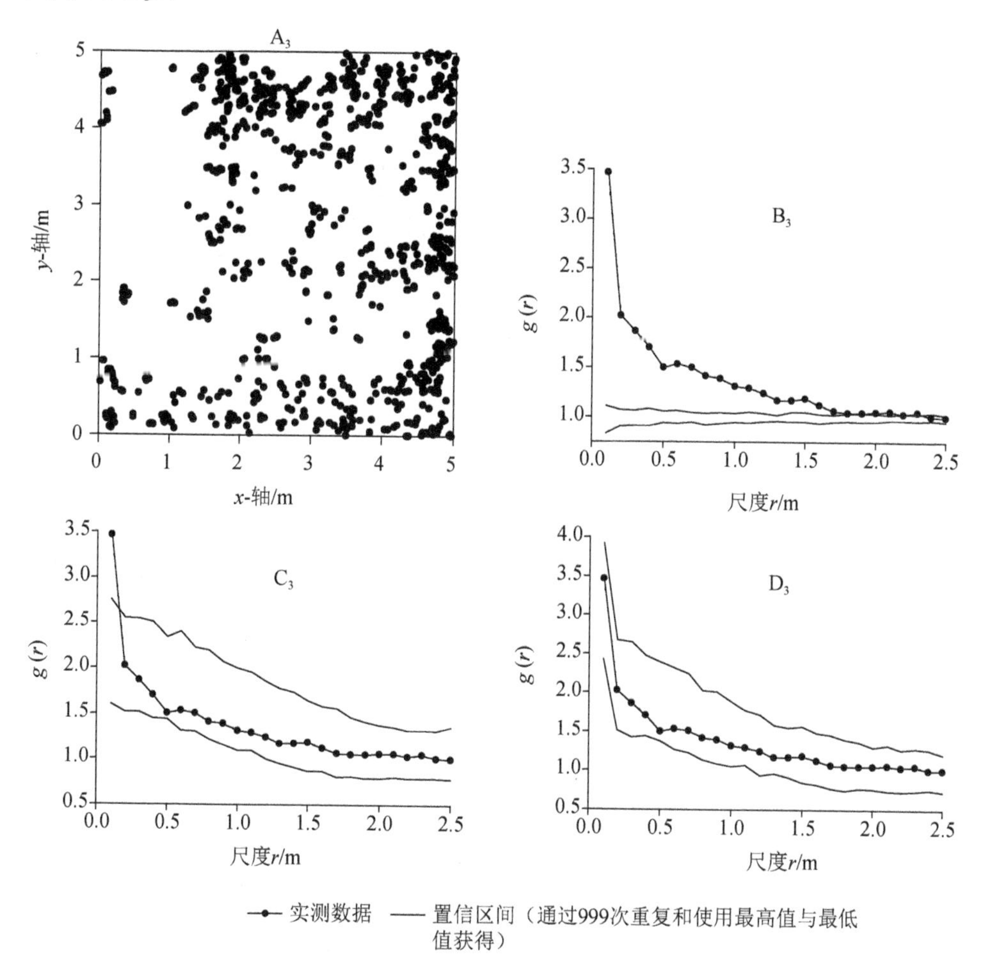

图 2-3　严重退化群落中羊草种群第 3 次重复取样点格局分析

A_3. 羊草种群个体的位点；B_3. 基于完全空间随机模型；

C_3. 基于泊松聚块模型；D_3. 基于嵌套双聚块模型；下角标 3 指第 3 次重复取样

2.2.2 大针茅种群点格局分析

大针茅种群在严重退化群落中 3 个重复取样关于不同零模型的详细参数见表 2-2，种群分布位点见图 2-4 A_1，图 2-5 A_2 和图 2-6 A_3。

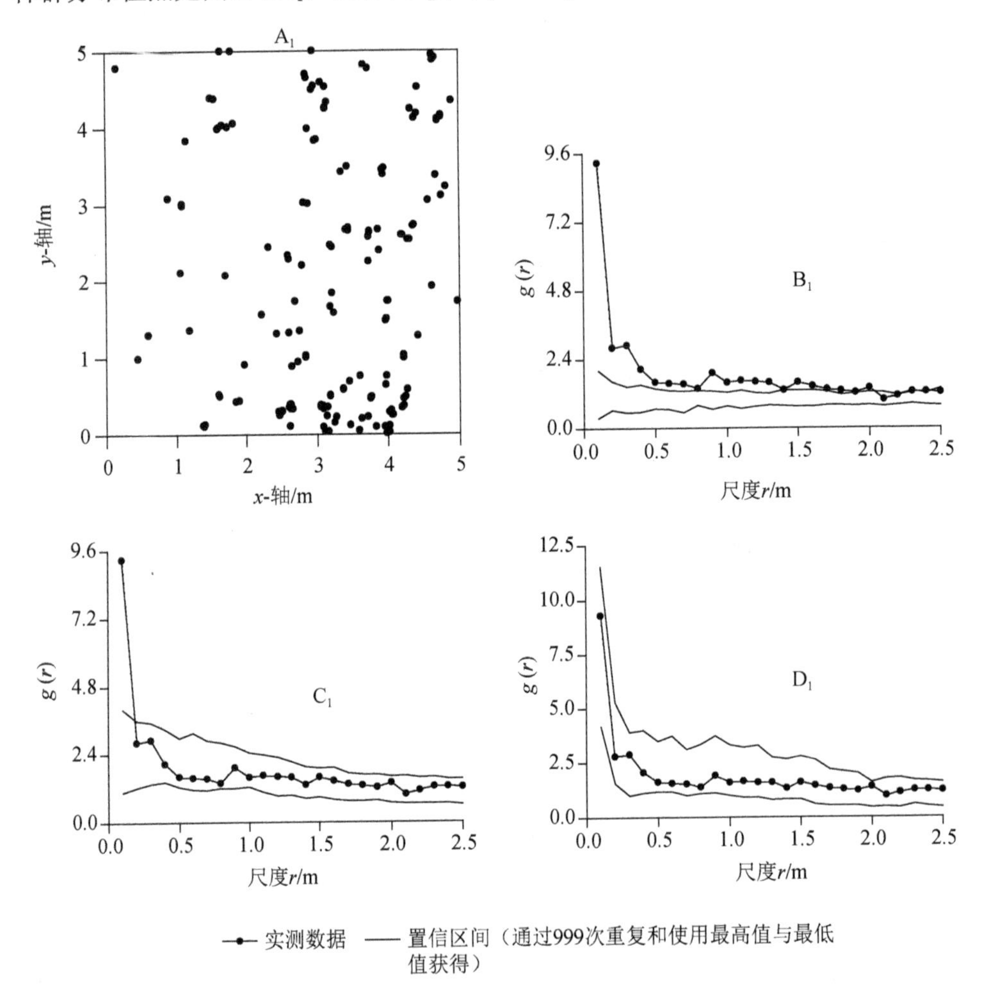

图 2-4 严重退化群落中大针茅种群第 1 次取样点格局分析

A_1. 大针茅种群个体的位点；B_1. 基于完全空间随机模型；

C_1. 基于泊松聚块模型；D_1. 基于嵌套双聚块模型；下角标 1 指第 1 次取样

表 2-2　严重退化群落大针茅种群使用泊松聚块模型和嵌套双聚块模型的单变量分析

重复	复合大尺度聚块格局				小尺度聚块格局		
	n	σ_1	$A\rho_1$	μ_1	σ_2	$A\rho_2$	μ_2
1	169	0.371	11.47	14.73	0.028	162.42	1.04
2	184	0.313	18.97	9.70	0.021	180.44	1.02
3	136	0.408	7.15	19.02	0.028	134.86	1.01

注：下角标 1 和 2 分别指大尺度和小尺度；A 为研究区域的面积（5 m × 5 m）；$A\rho$ 为研究区域中母体的数量；n 为格局中点的数目；$\mu = n / A\rho$，为在每一聚块中的平均点数；ρ 为母体格局的密度；σ 为聚块尺度参数。

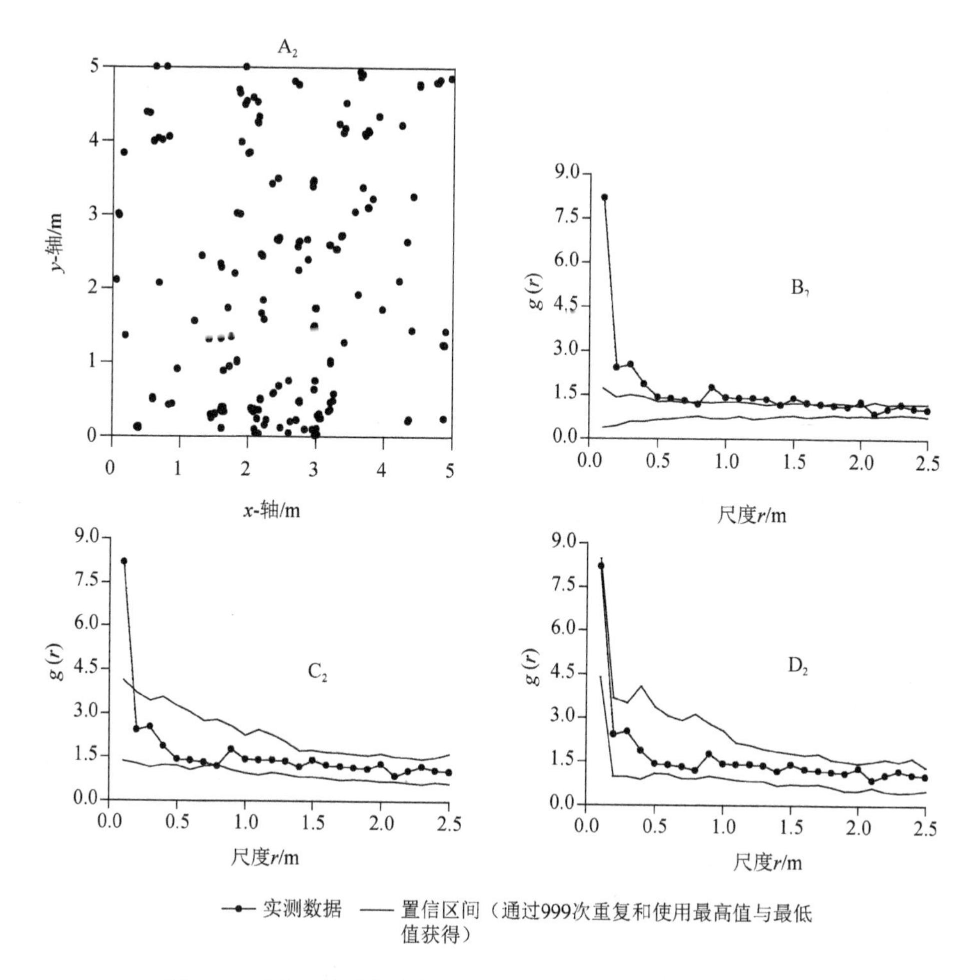

图 2-5　严重退化群落中大针茅种群第 2 次重复取样点格局分析

A_2. 大针茅种群个体的位点；B_2. 基于完全空间随机模型；

C_2. 基于泊松聚块模型；D_2. 基于嵌套双聚块模型；下角标 2 指第 2 次重复取样

在严重退化群落中，基于完全空间随机模型，大针茅种群 3 个重复的格局类型不尽相同，但均在一定尺度范围内偏离完全空间随机模型而呈现聚集分布（图 2-4 B_1，图 2-5 B_2 和图 2-6 B_3）；通过泊松聚块模型发现，大针茅种群 3 个重复均在小尺度范围内偏离泊松聚块模型而在较大尺度范围内符合泊松聚块模型（图 2-4 C_1，图 2-5 C_2 和图 2-6 C_3）；进一步使用嵌套双聚块模型发现，大针茅种群 3 个重复在整个取样尺度范围内能够很好地被嵌套双聚块模型所描述（图 2-4 D_1，图 2-5 D_2 和图 2-6 D_3）。

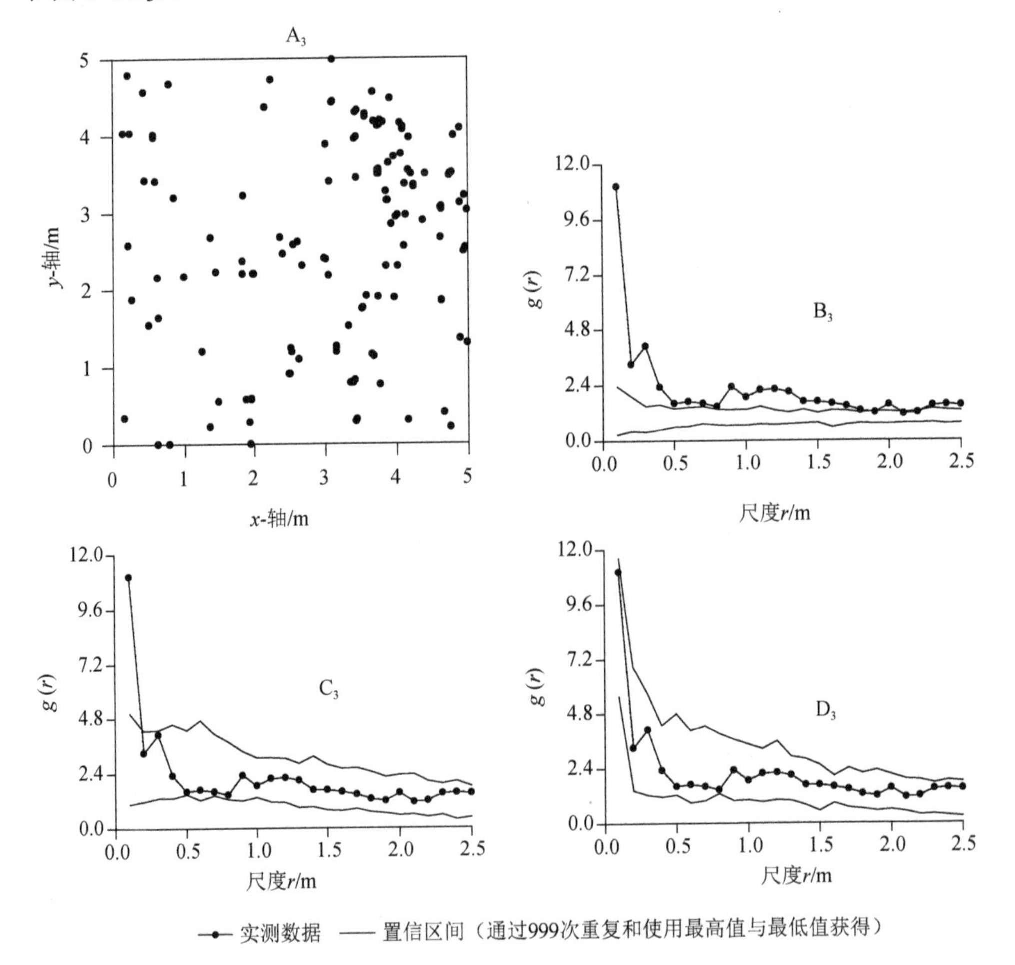

图 2-6　严重退化群落中大针茅种群第 3 次重复取样点格局分析

A_3. 大针茅种群个体的位点；B_3. 基于完全空间随机模型；

C_3. 基于泊松聚块模型；D_3. 基于嵌套双聚块模型；下角标 3 指第 3 次重复取样

2.2.3　米氏冰草种群点格局分析

米氏冰草种群在严重退化群落中 3 个重复有关不同零模型的详细参数见表 2-3，种群分布位点见图 2-7 A_1，图 2-8 A_2 和图 2-9 A_3。

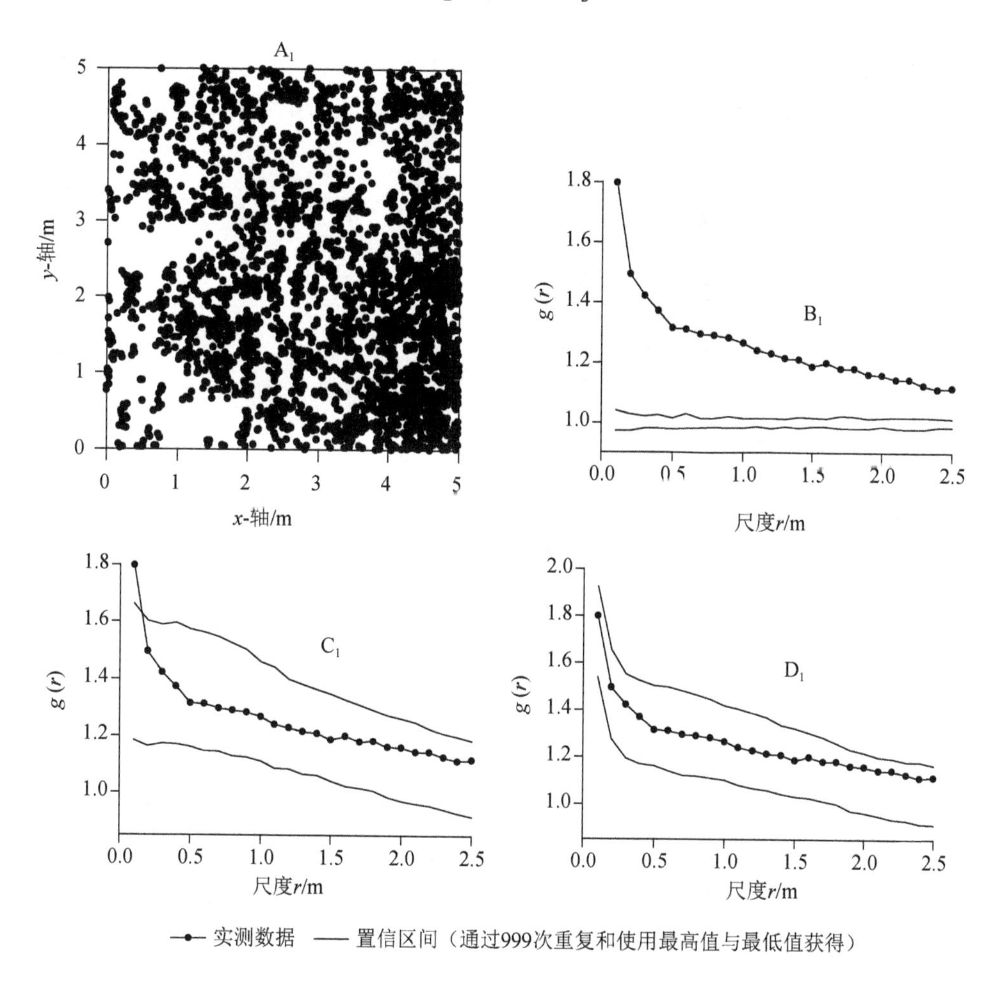

图 2-7　严重退化群落中米氏冰草种群第 1 次取样点格局分析

A_1. 米氏冰草种群个体的位点；B_1. 基于完全空间随机模型；

C_1. 基于泊松聚块模型；D_1. 基于嵌套双聚块模型；下角标 1 指第 1 次取样

表 2-3 严重退化群落米氏冰草使用泊松聚块模型和嵌套双聚块模型的单变量分析

重复	复合大尺度聚块格局				小尺度聚块格局		
	n	σ_1	$A\rho_1$	μ_1	σ_2	$A\rho_2$	μ_2
1	3 601	0.515	20.86	172.63	0.045	1 763.11	2.04
2	2 256	0.553	16.45	137.14	0.034	1 350.84	1.67
3	3 135	0.442	22.07	142.05	0.043	2 101.15	1.49

注：下角标 1 和 2 分别指大尺度和小尺度；A 为研究区域的面积（5 m × 5 m）；$A\rho$ 为研究区域中母体的数量；n 为格局中点的数目；$\mu = n / A\rho$，为在每一聚块中的平均点数；ρ 为母体格局的密度；σ 为聚块尺度参数。

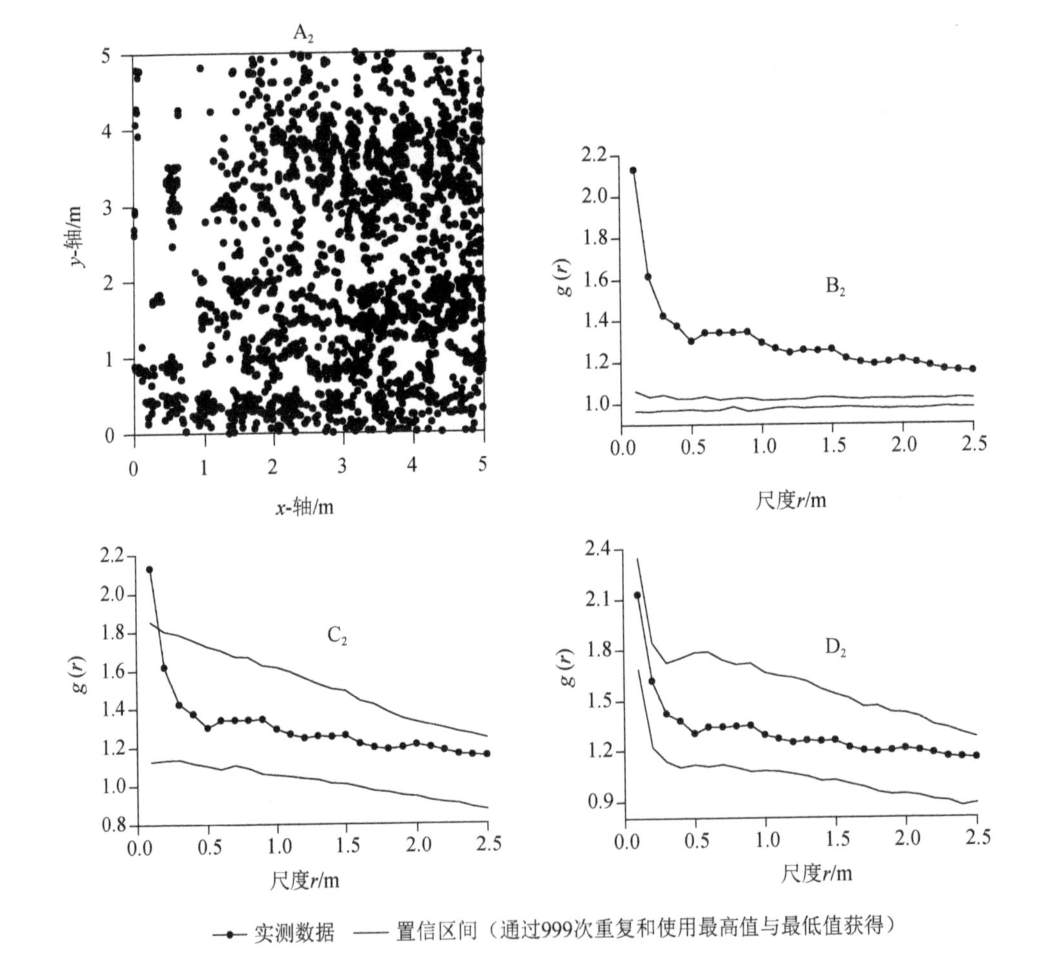

图 2-8 严重退化群落中米氏冰草种群第 2 次重复取样点格局分析

A_2. 米氏冰草种群个体的位点；B_2. 基于完全空间随机模型；

C_2. 基于泊松聚块模型；D_2. 基于嵌套双聚块模型；下角标 2 指第 2 次重复取样

在严重退化群落中，米氏冰草种群格局 3 个重复在 0～2.5 m 的尺度范围内均偏离完全空间随机模型而表现为聚集分布（图 2-7 B_1，图 2-8 B_2 和图 2-9 B_3）；在小尺度范围内偏离泊松聚块模型而在较大尺度范围内符合泊松聚块模型（图 2-7 C_1，图 2-8 C_2 和图 2-9 C_3）；在整个取样尺度范围内符合嵌套双聚块模型（图 2-7 D_1，图 2-8 D_2 和图 2-9 D_3）。

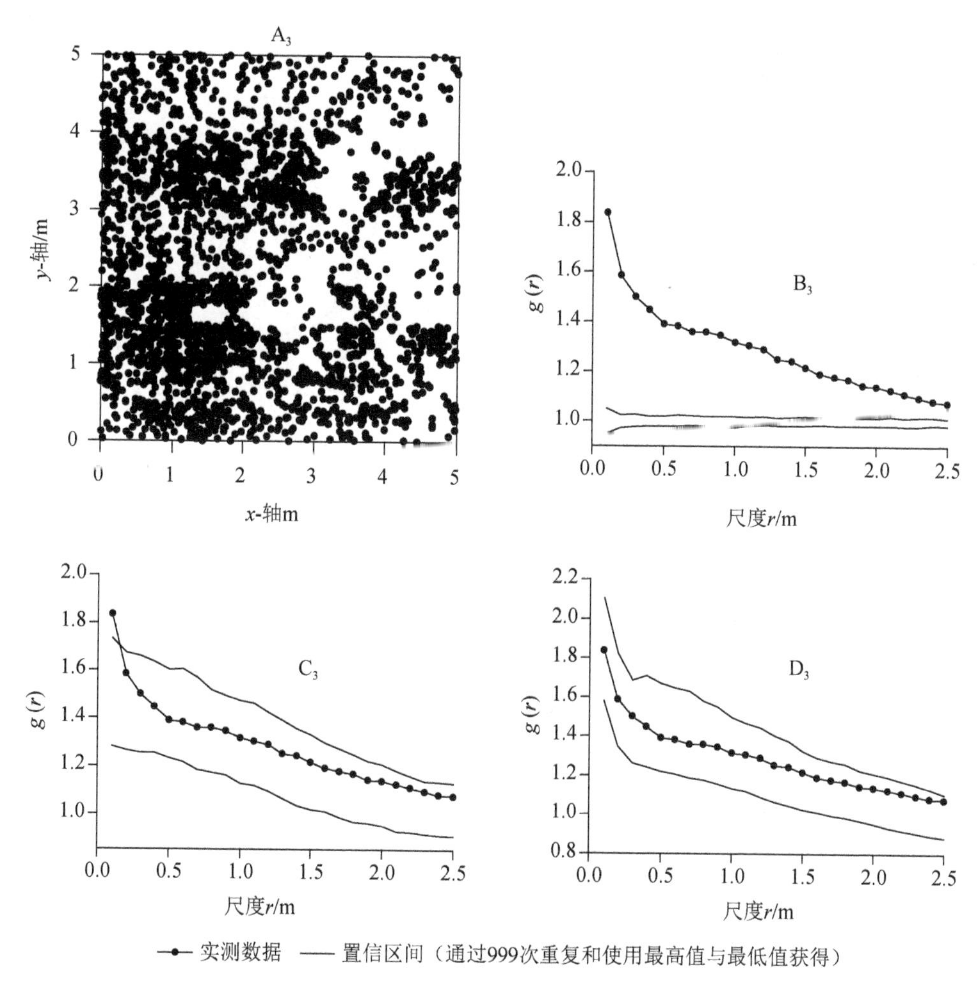

图 2-9　严重退化群落中米氏冰草种群第 3 次重复取样点格局分析

A_3. 米氏冰草种群个体的位点；B_3. 基于完全空间随机模型；

C_3. 基于泊松聚块模型；D_3. 基于嵌套双聚块模型；下角标 3 指第 3 次重复取样

2.2.4 糙隐子草种群点格局分析

糙隐子草种群在严重退化群落中 3 个重复有关不同零模型的详细参数见表 2-4，种群分布位点见图 2-10 A_1，图 2-11 A_2 和图 2-12 A_3。

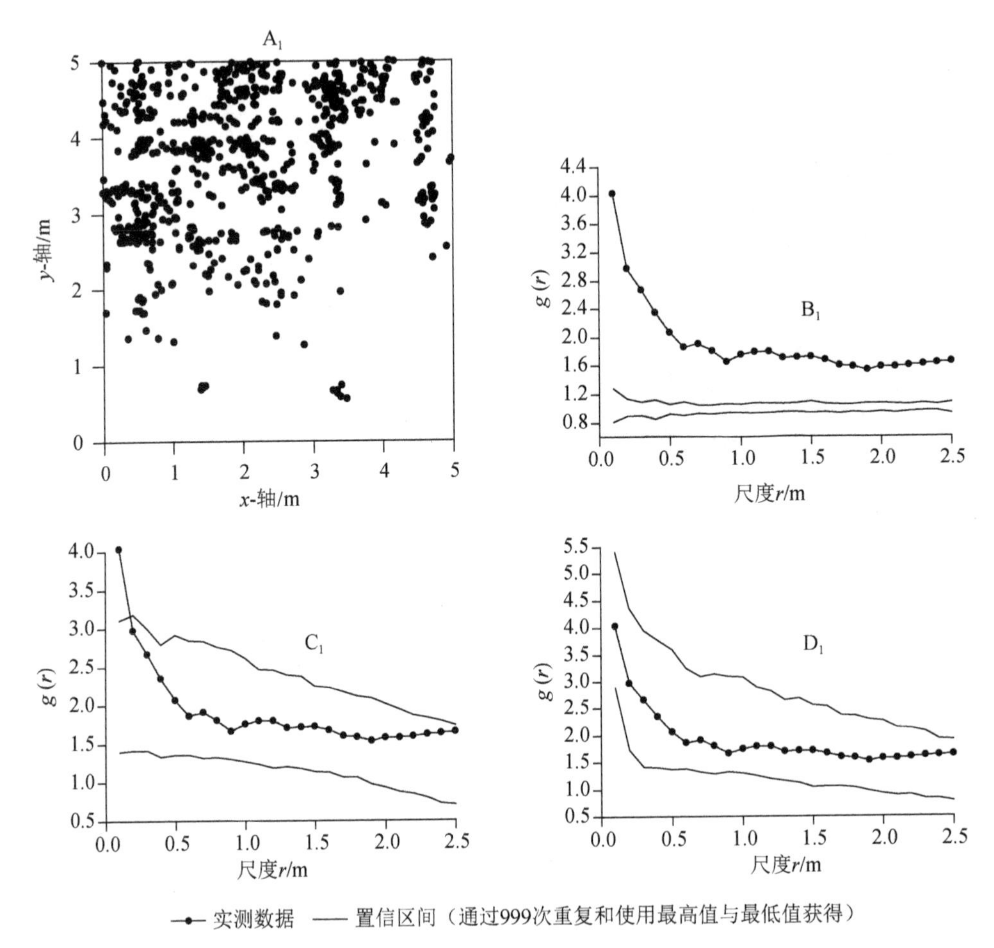

图 2-10 严重退化群落中糙隐子草种群第 1 次取样点格局分析

A_1. 糙隐子草种群个体的位点；B_1. 基于完全空间随机模型；

C_1. 基于泊松聚块模型；D_1. 基于嵌套双聚块模型；下角标 1 指第 1 次取样

表 2-4　严重退化群落糙隐子草种群使用泊松聚块模型和嵌套双聚块模型的单变量分析

重复	复合大尺度聚块格局				小尺度聚块格局		
	n	σ_1	$A\rho_1$	μ_1	σ_2	$A\rho_2$	μ_2
1	742	0.582	5.26	141.06	0.044	380.82	1.95
2	1 185	0.524	8.69	136.06	0.043	642.50	1.84
3	443	0.594	2.50	117.20	0.049	169.63	2.61

注：下角标 1 和 2 分别指大尺度和小尺度；A 为研究区域的面积（5 m × 5 m）；$A\rho$ 为研究区域中母体的数量；n 为格局中点的数目；$\mu = n / A\rho$，为在每一聚块中的平均点数；ρ 为母体格局的密度；σ 为聚块尺度参数。

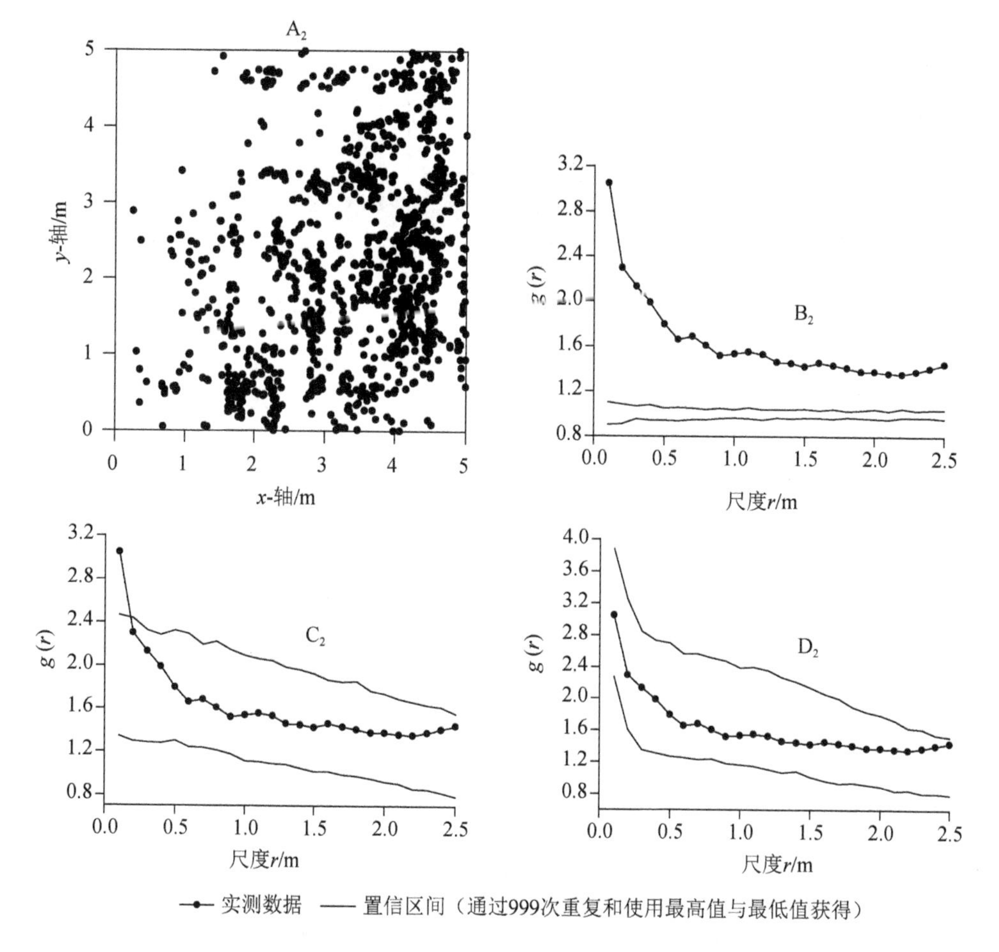

图 2-11　严重退化群落中糙隐子草种群第 2 次重复取样点格局分析

A_2. 糙隐子草种群个体的位点；B_2. 基于完全空间随机模型；

C_2. 基于泊松聚块模型；D_2. 基于嵌套双聚块模型；下角标 2 指第 2 次重复取样

在严重退化群落中，糙隐子草种群格局 3 个重复在整个取样范围内偏离完全空间随机模型而表现为聚集分布（图 2-10 B_1，图 2-11 B_2 和图 2-12 B_3）；在小尺度范围内偏离泊松聚块模型而在较大尺度范围内符合泊松聚块模型（图 2-10 C_1，图 2-11 C_2 和图 2-12 C_3）；在整个取样尺度范围内符合嵌套双聚块模型（图 2-10 D_1，图 2-11 D_2 和图 2-12 D_3）。

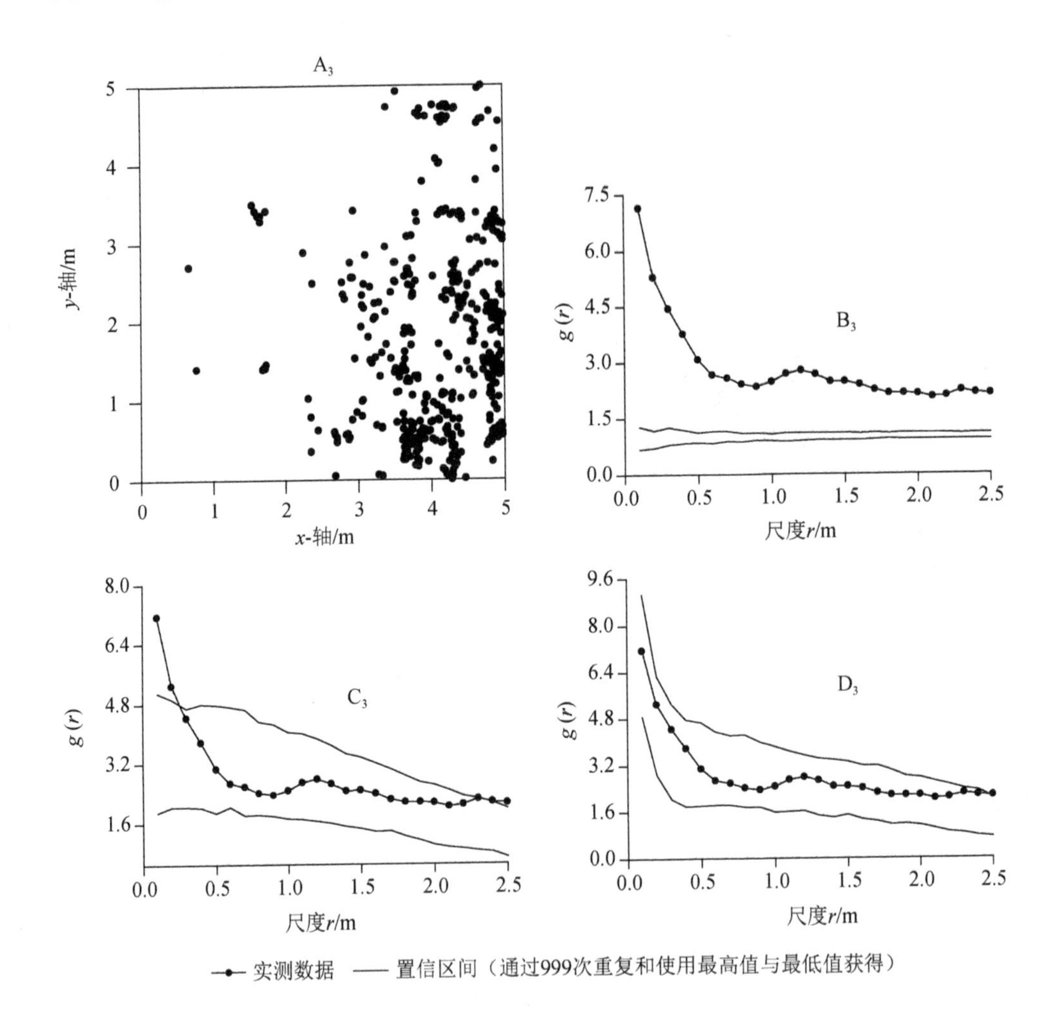

图 2-12 严重退化群落中糙隐子草种群第 3 次重复取样点格局分析

A_3. 糙隐子草种群个体的位点；B_3. 基于完全空间随机模型；

C_3. 基于泊松聚块模型；D_3. 基于嵌套双聚块模型；下角标 3 指第 3 次重复取样

2.2.5　落草种群点格局分析

落草种群在严重退化群落中 3 个重复有关不同零模型的详细参数见表 2-5，种群分布位点见图 2-13 A_1，图 2-14 A_2 和图 2-15 A_3。

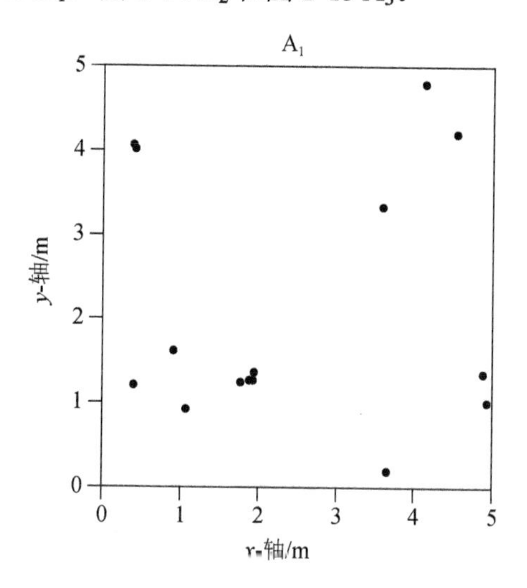

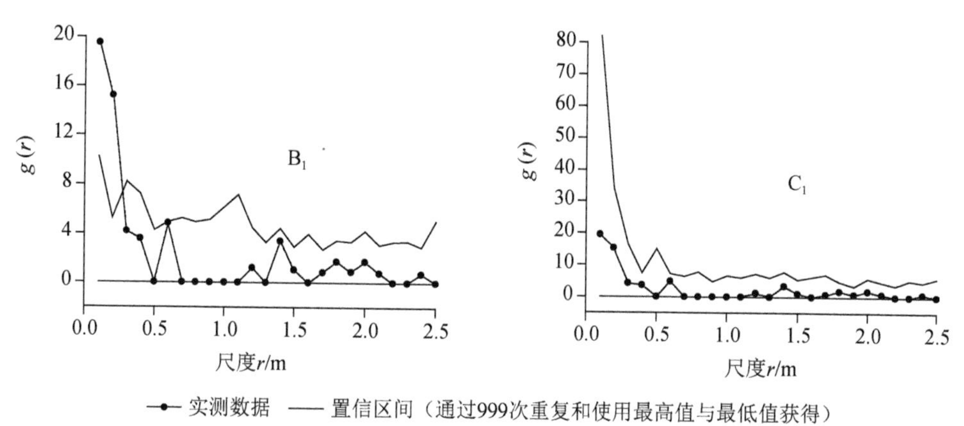

图 2-13　严重退化群落中落草种群第 1 次取样点格局分析

A_1. 落草种群个体的位点；B_1. 基于完全空间随机模型；

C_1. 基于泊松聚块模型；下角标 1 指第 1 次取样

表 2-5　严重退化群落落草种群使用泊松聚块模型和嵌套双聚块模型的单变量分析

重复	复合大尺度聚块格局				小尺度聚块格局		
	n	σ_1	$A\rho_1$	μ_1	σ_2	$A\rho_2$	μ_2
1	16	0.074	14.08	1.14	—	—	—
2	15	0.073	12.85	1.17	—	—	—
3	10	—	—	—	—	—	—

注：下角标 1 和 2 分别指大尺度和小尺度；A 为研究区域的面积（5 m × 5 m）；$A\rho$ 为研究区域中母体的数量；n 为格局中点的数目；$\mu = n / A\rho$，为在每一聚块中的平均点数；ρ 为母体格局的密度；σ 为聚块尺度参数。

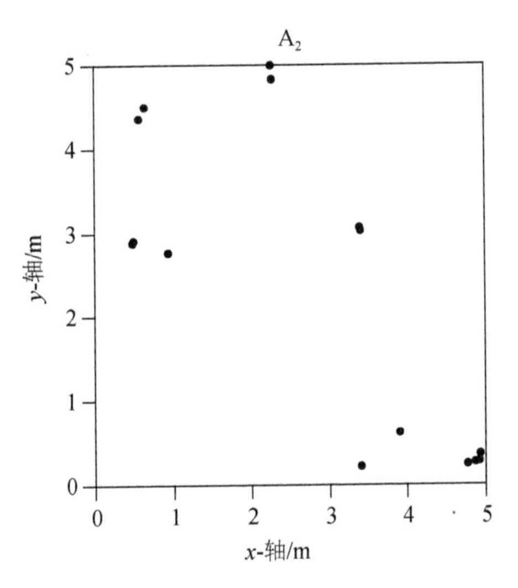

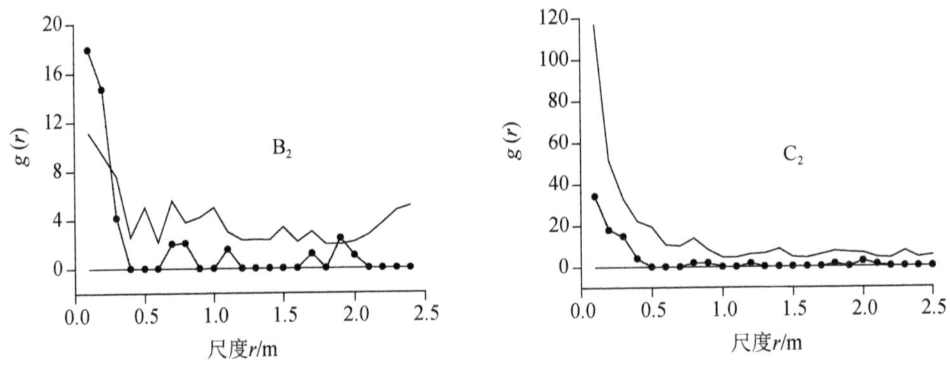

图 2-14　严重退化群落中落草种群第 2 次重复取样点格局分析

A_2. 落草种群个体的位点；B_2. 基于完全空间随机模型；C_2. 基于泊松聚块模型；下角标 2 指第 2 次重复取样

在严重退化群落中，落草种群格局第 1 次取样和第 2 次重复取样在一定的范围内偏离完全空间随机模型而表现为聚集分布（图 2-13 B_1 和图 2-14 B_2），第 3 次重复取样在整个取样尺度上符合完全空间随机模型而表现出随机分布（图 2-15 B_3）；对于泊松聚块模型而言，第 1 次取样和第 2 次重复取样在整个取样尺度范围内符合泊松聚块模型（图 2-13 C_1 和图 2-14 C_2）。

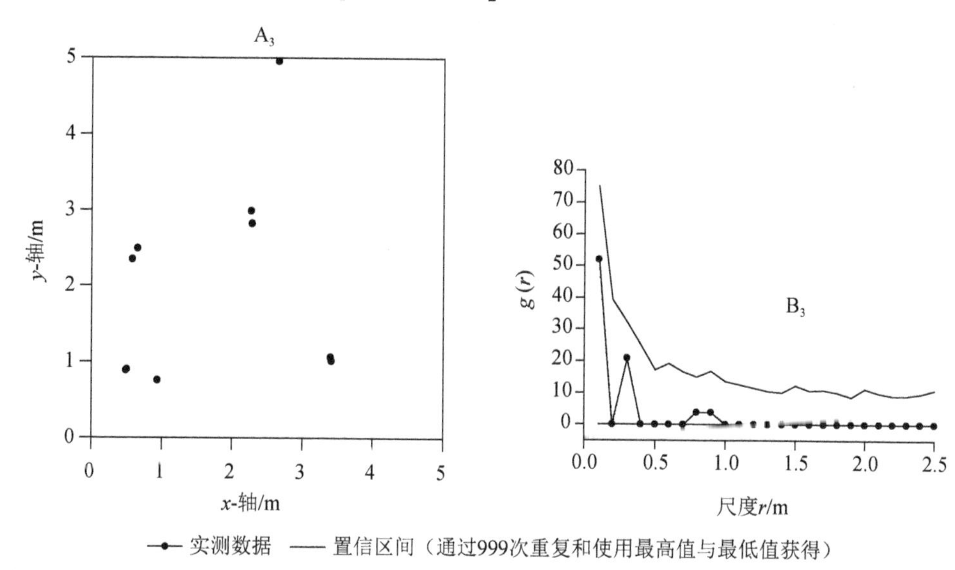

图 2-15　严重退化群落中落草种群第 3 次重复取样点格局分析

A_3. 落草种群个体的位点；B_3. 基于完全空间随机模型；下角标 3 指第 3 次重复取样

2.2.6　双齿葱种群点格局分析

双齿葱种群在严重退化群落中 3 个重复有关不同零模型的详细参数见表 2-6，种群分布位点见图 2-16 A_1，图 2-17 A_2 和图 2-18 A_3。

在严重退化群落中，双齿葱种群格局 3 个重复在一定的取样范围内偏离完全空间随机模型而表现为聚集分布（图 2-16 B_1，图 2-17 B_2 和图 2-18 B_3）；对于泊松聚块模型而言，第 1 次取样和第 2 次重复取样在小尺度范围内偏离泊松聚块模型而在较大尺度范围内符合泊松聚块模型（图 2-16 C_1 和图 2-17 C_2），重复 3 在整个取样尺度范围内符合泊松聚块模型（图 2-18 C_3）；对于嵌套双聚块模型，第 1 次取样和第 2 次重复取样在整个取样尺度范围内符合嵌套双聚块模型（图 2-16 D_1 和图 2-17 D_2）。

表 2-6　严重退化群落双齿葱种群使用泊松聚块模型和嵌套双聚块模型的单变量分析

重复	复合大尺度聚块格局				小尺度聚块格局		
	n	σ_1	$A\rho_1$	μ_1	σ_2	$A\rho_2$	μ_2
1	88	0.373	10.553	8.34	0.032	78.316	1.12
2	45	0.269	8.109	5.56	0.016	36.966	1.21
3	86	0.259	8.214	10.49	—	—	—

注：下角标 1 和 2 分别指大尺度和小尺度；A 为研究区域的面积（5 m × 5 m）；$A\rho$ 为研究区域中母体的数量；n 为格局中点的数目；$\mu = n / A\rho$，为在每一聚块中的平均点数；ρ 为母体格局的密度；σ 为聚块尺度参数。

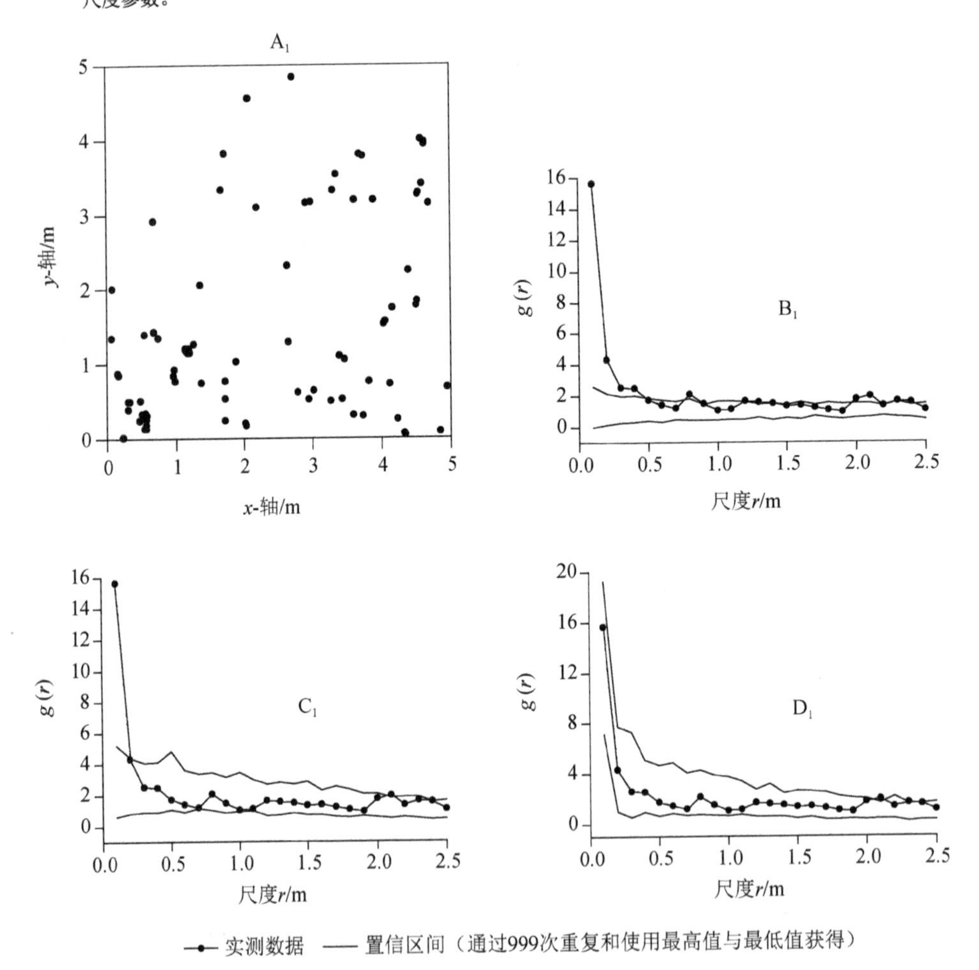

图 2-16　严重退化群落中双齿葱种群第 1 次取样点格局分析

A_1. 双齿葱种群个体的位点；B_1. 基于完全空间随机模型；C_1. 基于泊松聚块模型；

D_1. 基于嵌套双聚块模型；下角标 1 指第 1 次取样

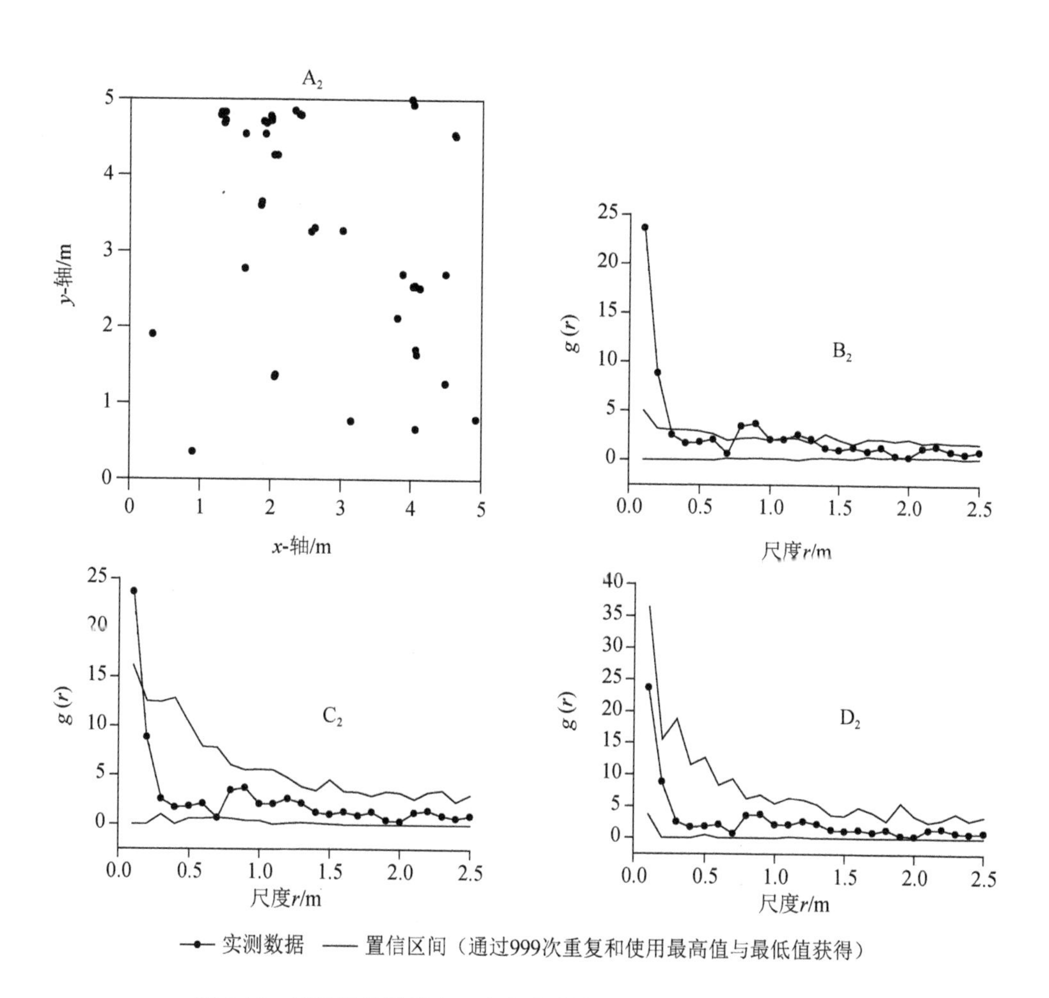

图 2-17　严重退化群落中双齿葱种群第 2 次重复取样点格局分析

A_2. 双齿葱种群个体的位点；B_2. 基于完全空间随机模型；

C_2. 基于泊松聚块模型；D_2. 基于嵌套双聚块模型；

下角标 2 指第 2 次重复取样

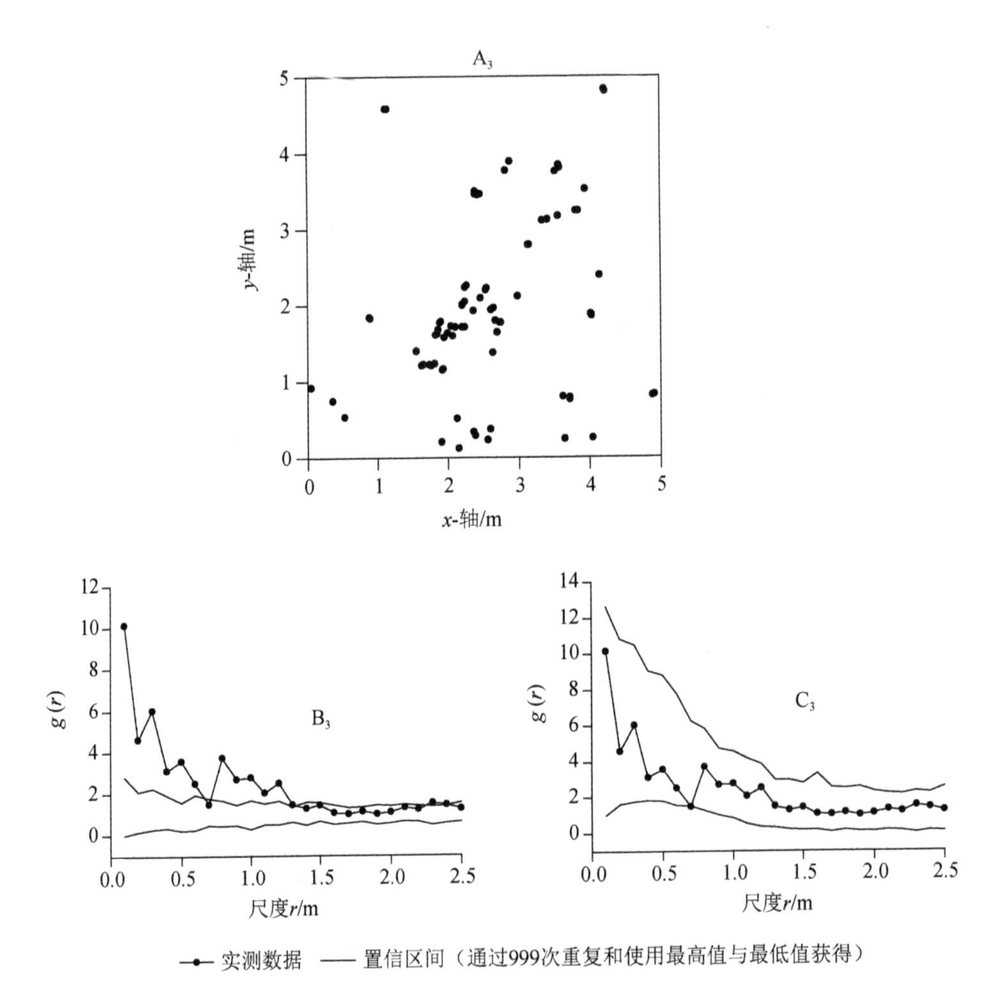

图 2-18　严重退化群落中双齿葱种群第 3 次重复取样点格局分析

A_3. 双齿葱种群个体的位点；B_3. 基于完全空间随机模型；

C_3. 基于泊松聚块模型；下角标 3 指第 3 次重复取样

2.3　恢复 8 年群落主要种群点格局分析

2.3.1　羊草种群点格局分析

羊草种群在恢复演替 8 年的群落中 3 个重复有关不同零模型的详细参数见表 2-7，种群分布位点见图 2-19 A_1、图 2-20 A_2 和图 2-21 A_3。

在恢复 8 年的群落中，羊草种群 3 个重复在局部或整个取样范围内偏离完全空间随机模型而表现为聚集分布（图 2-19 B_1，图 2-20 B_2 和图 2-21 B_3）；而在整个取样尺度范围内符合泊松聚块模型（图 2-19 C_1，图 2-20 C_2 和图 2-21 C_3）。

表 2-7　恢复 8 年群落羊草种群使用泊松聚块模型和嵌套双聚块模型的单变量分析

重复	复合大尺度聚块格局				小尺度聚块格局		
	n	σ_1	$A\rho_1$	μ_1	σ_2	$A\rho_2$	μ_2
1	2 601	0.284	197.15	13.19	—	—	—
2	1 869	0.407	90.32	20.69	—	—	—
3	1 970	0.640	21.62	91.11	—	—	—

注：下角标 1 和 2 分别指大尺度和小尺度；A 为研究区域的面积（5 m × 5 m）；$A\rho$ 为研究区域中母体的数量；n 为格局中点的数目；$\mu = n / A\rho$，为在每一聚块中的平均点数；ρ 为母体格局的密度；σ 为聚块尺度参数。

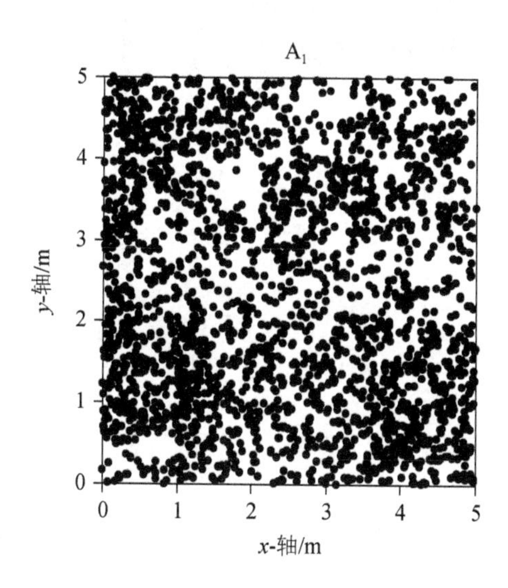

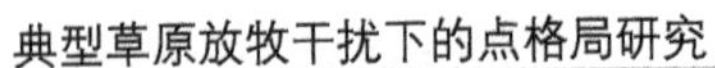

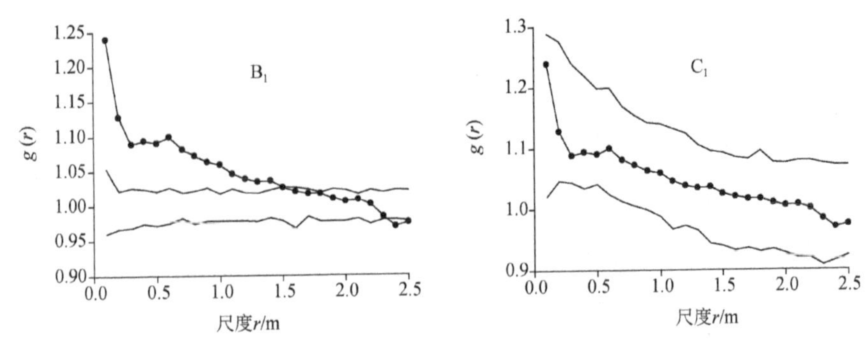

图 2-19　恢复 8 年群落中羊草种群第 1 次取样点格局分析

A_1. 羊草种群个体的位点；B_1. 基于完全空间随机模型；C_1. 基于泊松聚块模型；下角标 1 指第 1 次取样

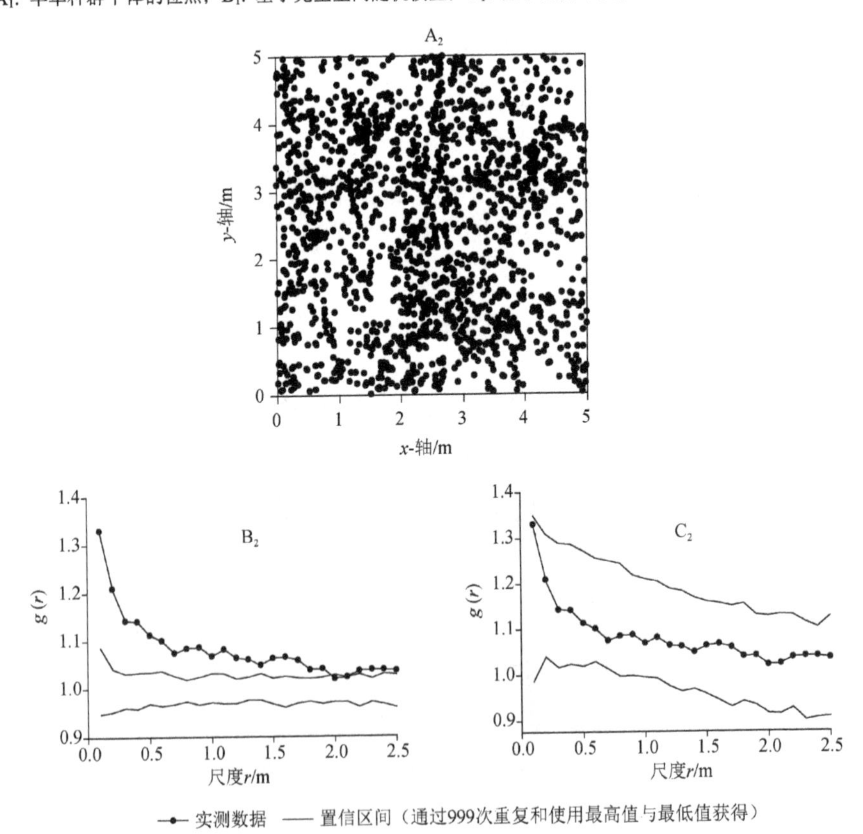

图 2-20　恢复 8 年群落中羊草种群第 2 次重复取样点格局分析

A_2. 羊草种群个体的位点；B_2. 基于完全空间随机模型；C_2. 基于泊松聚块模型；下角标 2 指第 2 次重复取样

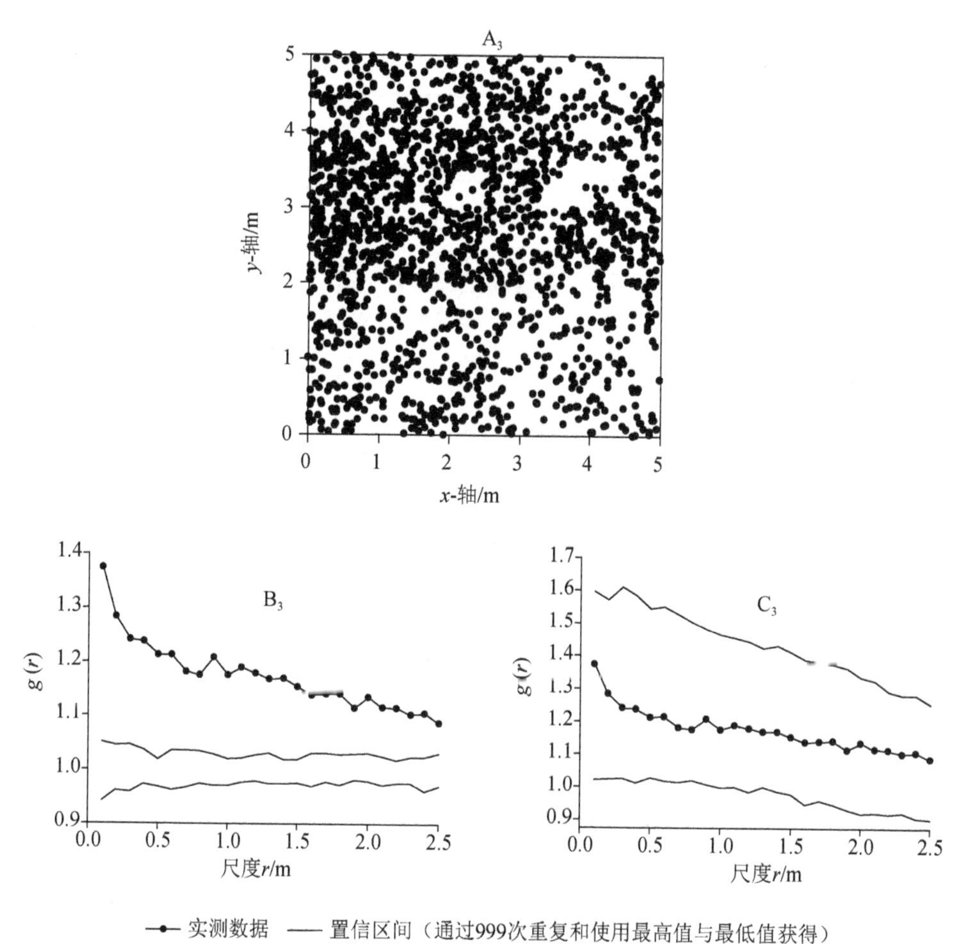

图 2-21　恢复 8 年群落中羊草种群第 3 次重复取样点格局分析

A_3. 羊草种群个体的位点；B_3. 基于完全空间随机模型；

C_3. 基于泊松聚块模型；下角标 3 指第 3 次重复取样

2.3.2　大针茅种群点格局分析

大针茅种群在恢复 8 年群落中 3 个重复有关不同零模型的详细参数见表 2-8，种群分布位点见图 2-22 A_1，图 2-23 A_2 和图 2-24 A_3。

在恢复 8 年的群落中，大针茅种群 3 个重复在局部尺度范围内偏离完全空间随机模型而呈现聚集分布（图 2-22 B_1，图 2-23 B_2 和图 2-24 B_3）；而在整个取样尺度范围内符合泊松聚块模型（图 2-22 C_1，图 2-23 C_2 和图 2-24 C_3）。

表 2-8　恢复 8 年群落中大针茅种群使用泊松聚块模型和嵌套双聚块模型的单变量分析

重复	复合大尺度聚块格局				小尺度聚块格局		
	n	σ_1	$A\rho_1$	μ_1	σ_2	$A\rho_2$	μ_2
1	528	0.160	85.89	6.15	—	—	—
2	427	0.191	67.89	6.29	—	—	—
3	452	0.228	97.19	4.65	—	—	—

注：下角标 1 和 2 分别指大尺度和小尺度；A 为研究区域的面积（5 m × 5 m）；$A\rho$ 为研究区域中母体的数量；n 为格局中点的数目；$\mu = n / A\rho$，为在每一聚块中的平均点数；ρ 为母体格局的密度；σ 为聚块尺度参数。

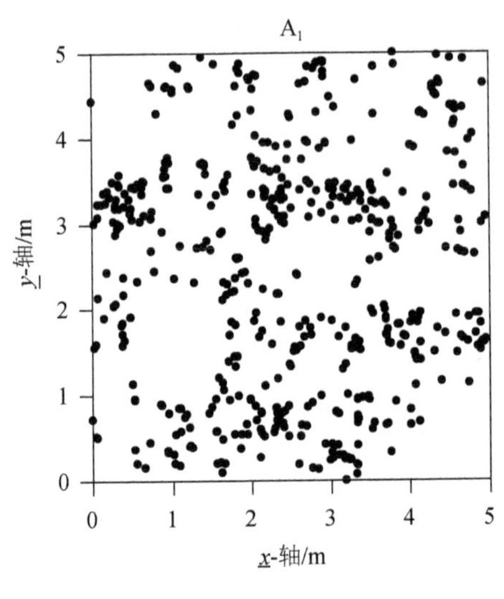

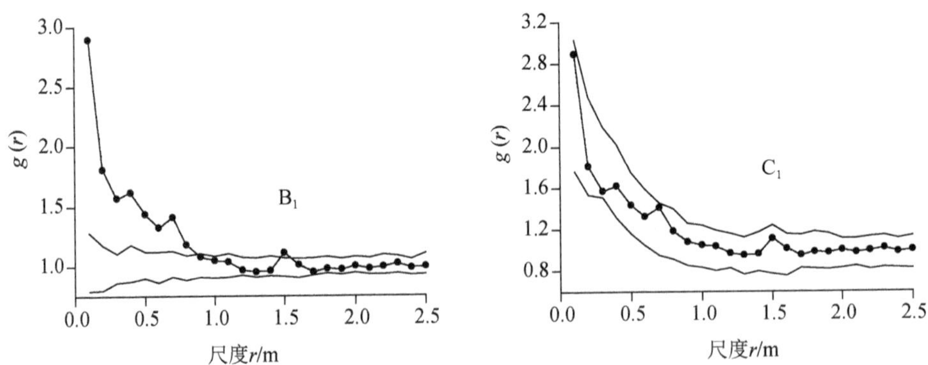

图 2-22　恢复 8 年群落中大针茅种群第 1 次取样点格局分析

A_1. 大针茅种群个体的位点；B_1. 基于完全空间随机模型；C_1. 基于泊松聚块模型；下角标 1 指第 1 次取样

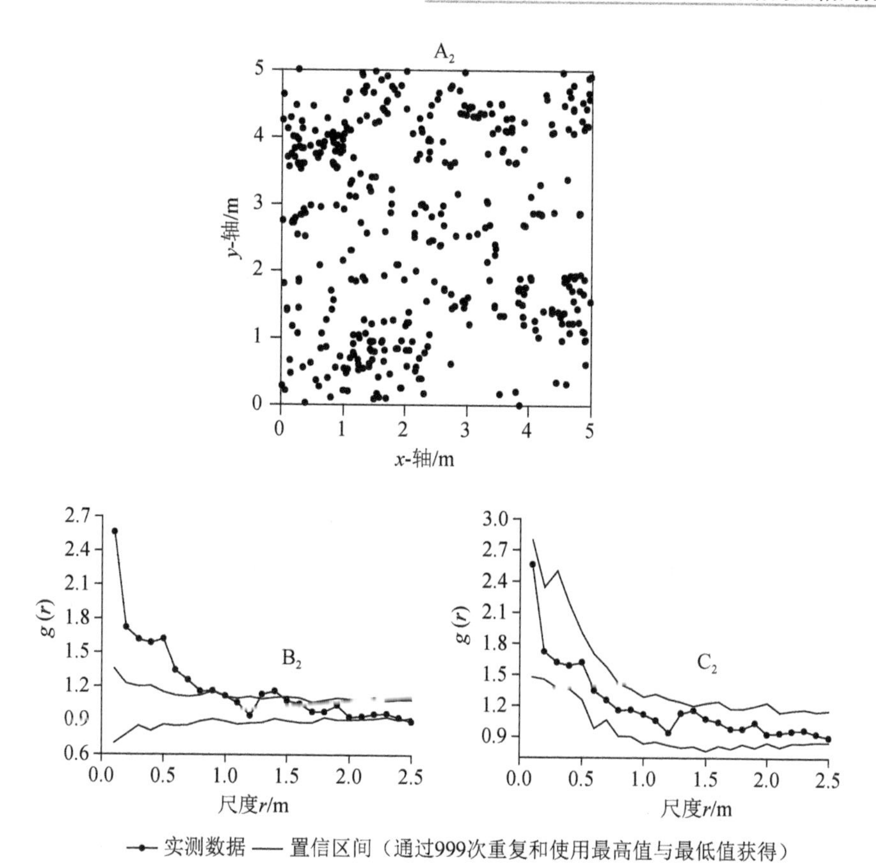

图 2-23　恢复 8 年群落中大针茅种群第 2 次重复取样点格局分析

A_2. 大针茅种群个体的位点；B_2. 基于完全空间随机模型；C_2. 基于泊松聚块模型；下角标 2 指第 2 次重复取样

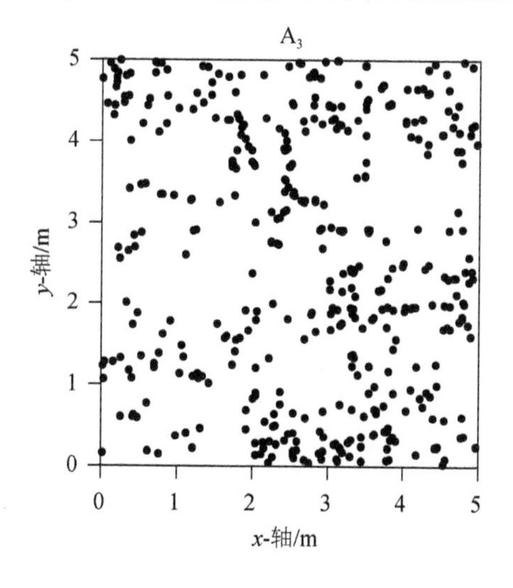

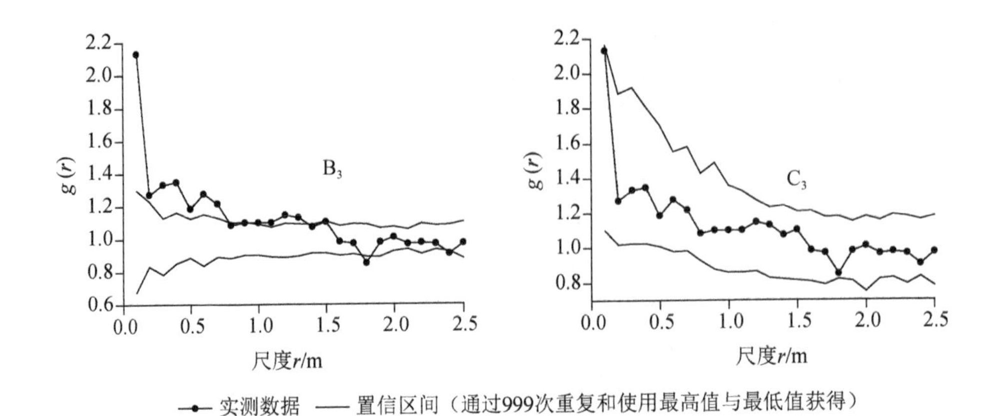

图 2-24　恢复 8 年群落中大针茅种群第 3 次重复取样点格局分析

A_3. 大针茅种群个体的位点；B_3. 基于完全空间随机模型；

C_3. 基于泊松聚块模型；下角标 3 指第 3 次重复取样

2.3.3　米氏冰草种群点格局分析

米氏冰草种群在恢复 8 年群落中 3 个重复有关不同零模型的详细参数见表 2-9，种群分布位点见图 2-25 A_1，图 2-26 A_2 和图 2-27 A_3。

在恢复 8 年的群落中，米氏冰草种群 3 个重复在局部或整个取样范围内偏离完全空间随机模型而表现为聚集分布（图 2-25 B_1，图 2-26 B_2 和图 2-27 B_3）；而在整个取样尺度范围内符合泊松聚块模型（图 2-25 C_1，图 2-26 C_2 和图 2-27 C_3）。

表 2-9　恢复 8 年群落中米氏冰草种群使用泊松聚块模型和嵌套双聚块模型的单变量分析

重复	复合大尺度聚块格局				小尺度聚块格局		
	n	σ_1	$A\rho_1$	μ_1	σ_2	$A\rho_2$	μ_2
1	1 478	0.529	7.89	187.34	—	—	—
2	1 027	0.349	91.29	11.25	—	—	—
3	1 062	0.535	22.44	47.35	—	—	—

注：下角标 1 和 2 分别指大尺度和小尺度；A 为研究区域的面积（5 m × 5 m）；$A\rho$ 为研究区域中母体的数量；n 为格局中点的数目；$\mu = n / A\rho$，为在每一聚块中的平均点数；ρ 为母体格局的密度；σ 为聚块尺度参数。

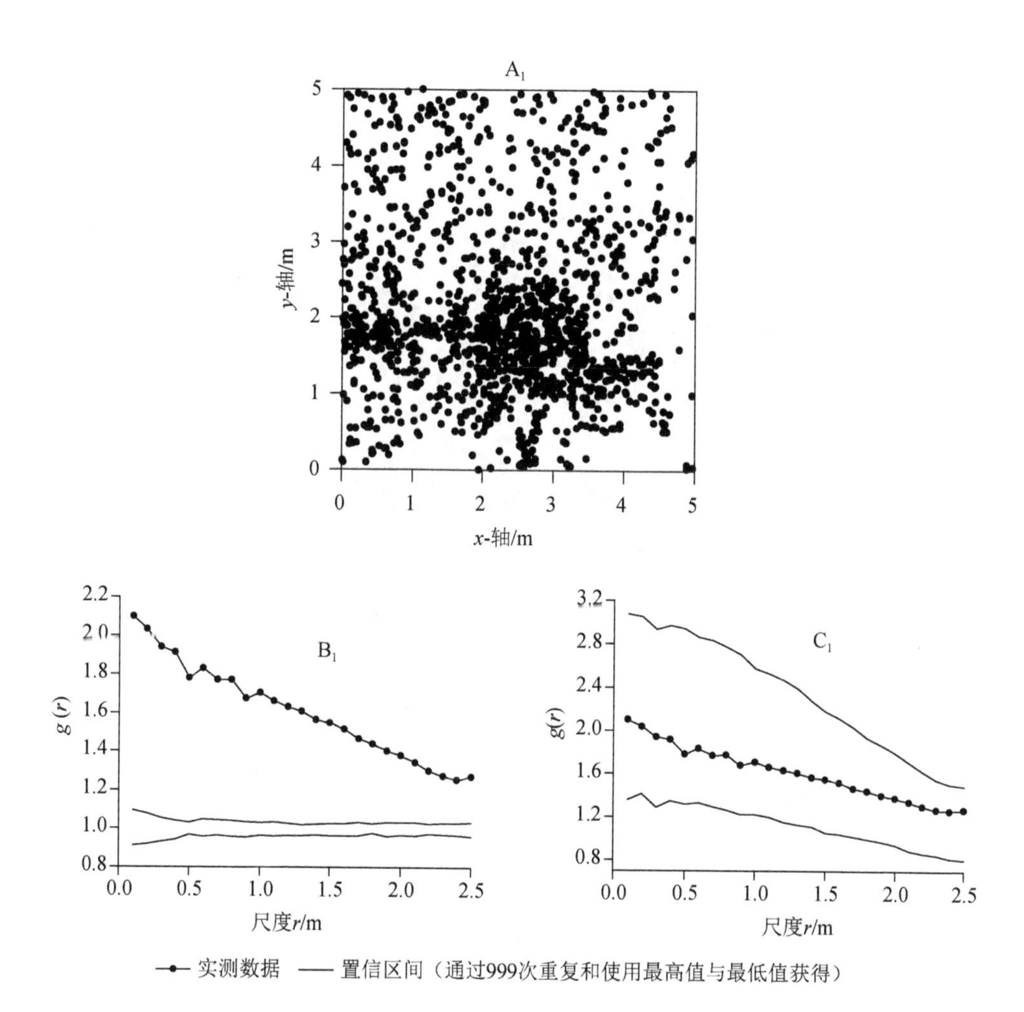

图 2-25　恢复 8 年群落中米氏冰草种群第 1 次取样点格局分析

A_1. 米氏冰草种群个体的位点；B_1. 基于完全空间随机模型；
C_1. 基于泊松聚块模型；下角标 1 指第 1 次取样

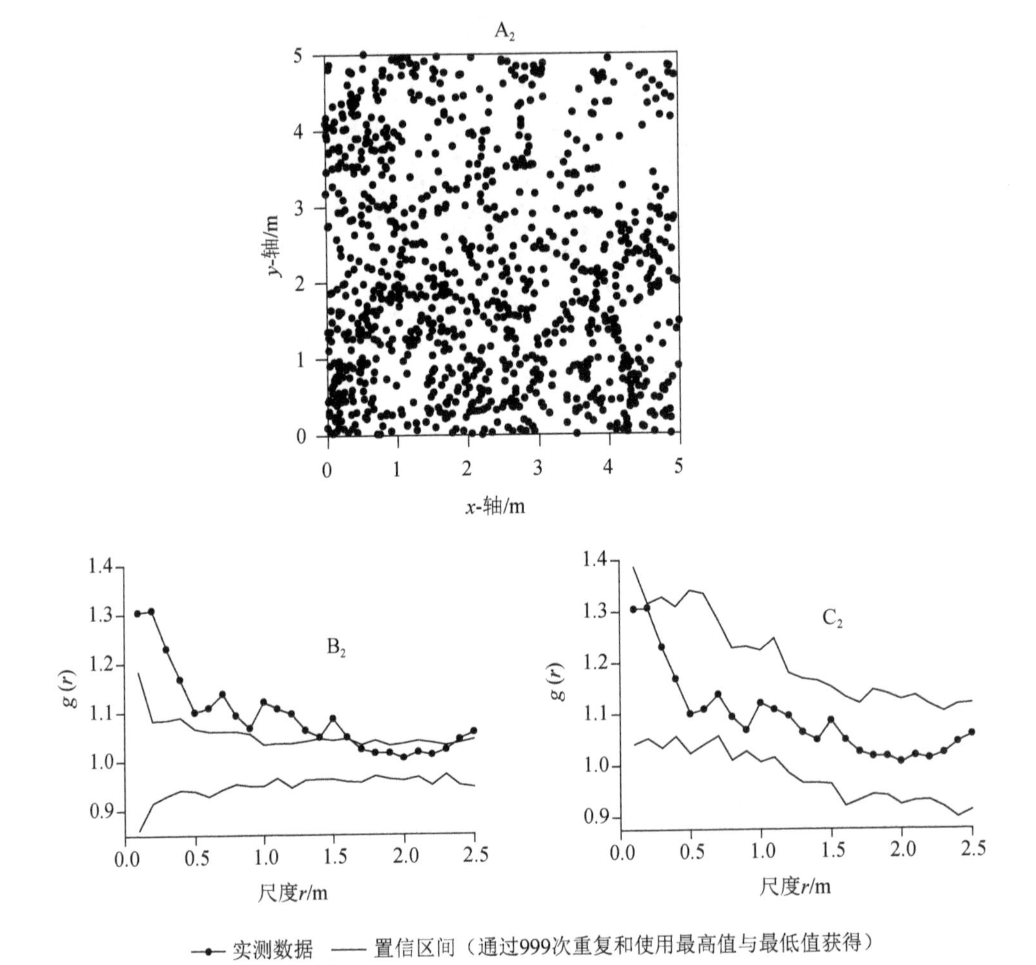

图 2-26　恢复 8 年群落中米氏冰草种群第 2 次重复取样点格局分析

A_2. 米氏冰草种群个体的位点；B_2. 基于完全空间随机模型；

C_2. 基于泊松聚块模型；下角标 2 指第 2 次重复取样

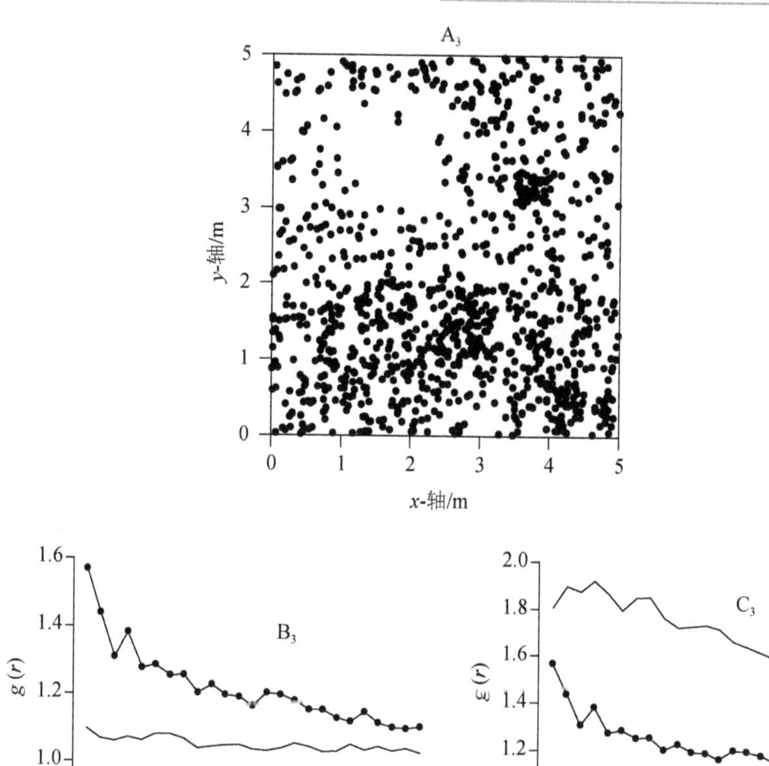

图 2-27　恢复 8 年群落中米氏冰草种群第 3 次重复取样点格局分析

A_3. 米氏冰草种群个体的位点；B_3. 基于完全空间随机模型；

C_3. 基于泊松聚块模型；下角标 3 指第 3 次重复取样

2.3.4　糙隐子草种群点格局分析

糙隐子草种群在恢复 8 年群落中 3 个重复有关不同零模型的详细参数见表 2-10，种群分布位点见图 2-28 A_1，图 2-29 A_2 和图 2-30 A_3。

在恢复 8 年的群落中，糙隐子种群 3 个重复在局部尺度范围内偏离完全空间随机模型而呈现聚集分布（图 2-28 B_1，图 2-29 B_2 和图 2-30 B_3）；而在整个取样尺度范围内符合泊松聚块模型（图 2-28 C_1，图 2-29 C_2 和图 2-30 C_3）。

表 2-10　恢复 8 年群落中糙隐子草种群使用泊松聚块模型和嵌套双聚块模型的单变量分析

重复	复合大尺度聚块格局				小尺度聚块格局		
	n	σ_1	$A\rho_1$	μ_1	σ_2	$A\rho_2$	μ_2
1	63	0.357	9.41	6.69	—	—	—
2	26	0.102	22.94	1.13	—	—	—
3	38	0.266	7.01	5.42	—	—	—

注：下角标 1 和 2 分别指大尺度和小尺度；A 为研究区域的面积（5 m × 5 m）；$A\rho$ 为研究区域中母体的数量；n 为格局中点的数目；$\mu = n / A\rho$，为在每一聚块中的平均点数；ρ 为母体格局的密度；σ 为聚块尺度参数。

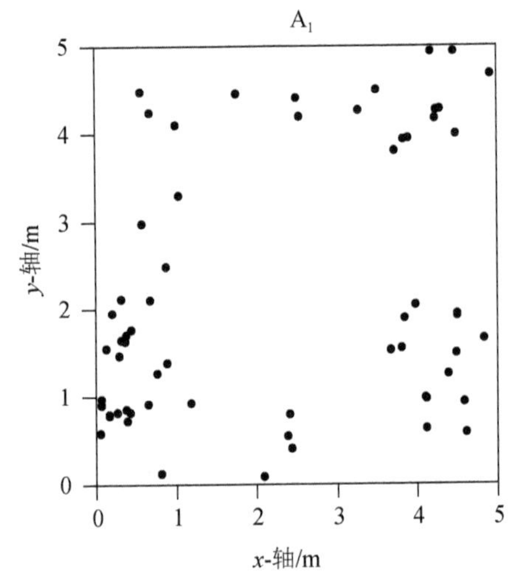

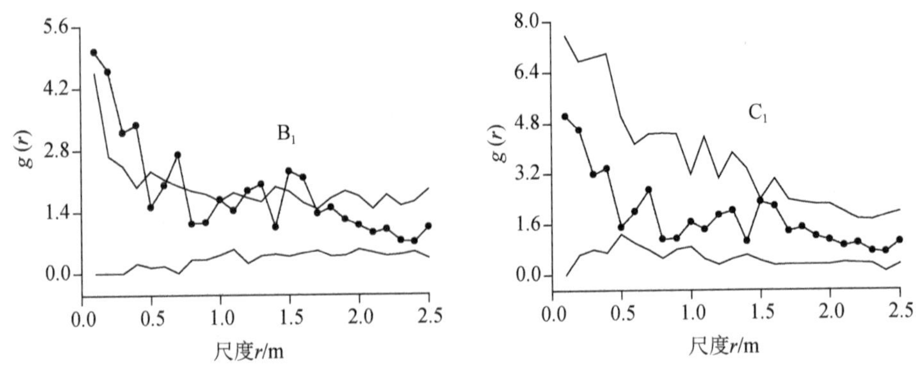

图 2-28　恢复 8 年群落中糙隐子草种群第 1 次取样点格局分析

A_1. 糙隐子草种群个体的位点；B_1. 基于完全空间随机模型；C_1. 基于泊松聚块模型；下角标 1 指第 1 次取样

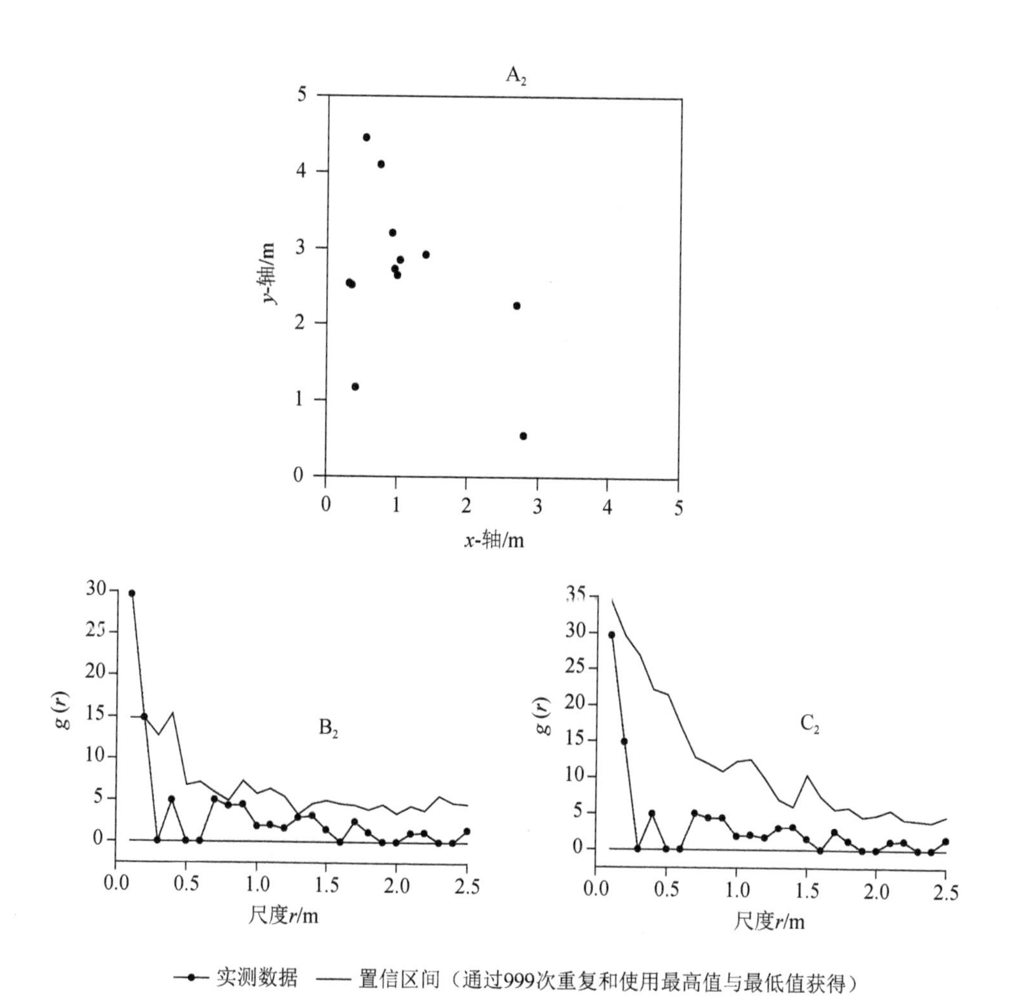

图 2-29　恢复 8 年群落中糙隐子草种群第 2 次重复取样点格局分析

A_2. 糙隐子草种群个体的位点；B_2. 基于完全空间随机模型；

C_2. 基于泊松聚块模型；下角标 2 指第 2 次重复取样

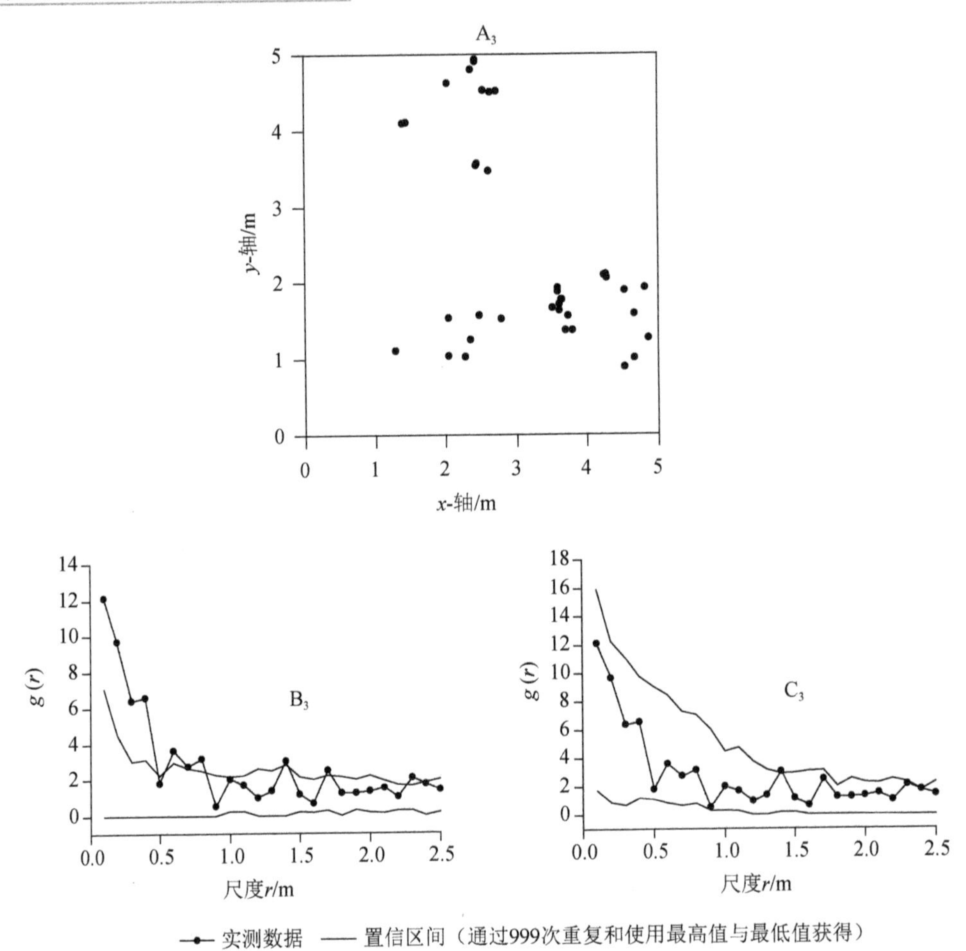

图 2-30　恢复 8 年群落中糙隐子草种群第 3 次重复取样点格局分析

A_3. 糙隐子草种群个体的位点；B_3. 基于完全空间随机模型；

C_3. 基于泊松聚块模型；下角标 3 指第 3 次重复取样

2.3.5　落草种群点格局分析

落草种群在恢复 8 年群落中 3 个重复有关不同零模型的详细参数见表 2-11，种群分布位点见图 2-31 A_1，图 2-32 A_2 和图 2-33 A_3。

在恢复 8 年的群落中，落草种群 3 个重复在局部尺度范围内偏离完全空间随机模型而呈现聚集分布（图 2-31 B_1，图 2-32 B_2 和图 2-33 B_3）；而在整个取样尺度范围内符合泊松聚块模型（图 2-31 C_1，图 2-32 C_2 和图 2-33 C_3）。

表 2-11　恢复 8 年群落中落草种群使用泊松聚块模型和嵌套双聚块模型的单变量分析

重复	复合大尺度聚块格局				小尺度聚块格局		
	n	σ_1	$A\rho_1$	μ_1	σ_2	$A\rho_2$	μ_2
1	31	0.125	15.57	1.99	—	—	—
2	17	0.335	2.45	6.93	—	—	—
3	42	0.133	18.98	2.21	—	—	—

注：下角标 1 和 2 分别指大尺度和小尺度；A 为研究区域的面积（5 m × 5 m）；$A\rho$ 为研究区域中母体的数量；n 为格局中点的数目；$\mu = n / A\rho$，为在每一聚块中的平均点数；ρ 为母体格局的密度；σ 为聚块尺度参数。

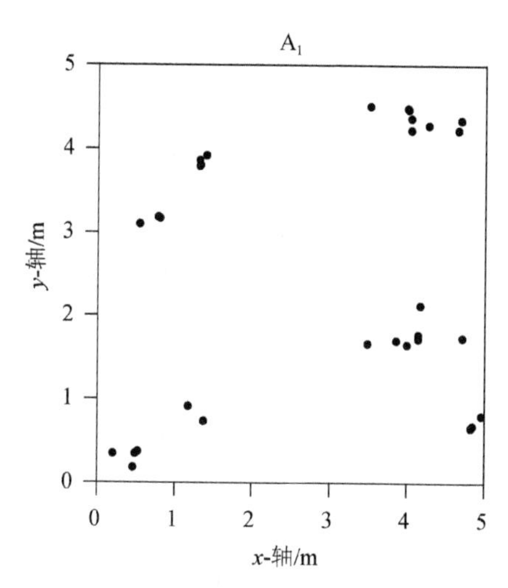

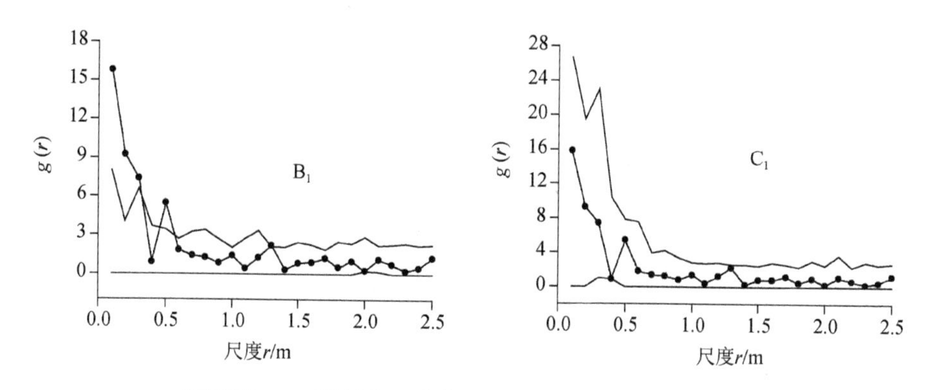

图 2-31　恢复 8 年群落中落草种群第 1 次取样点格局分析

A_1. 落草种群个体的位点；B_1. 基于完全空间随机模型；

C_1. 基于泊松聚块模型；下角标 1 指第 1 次取样

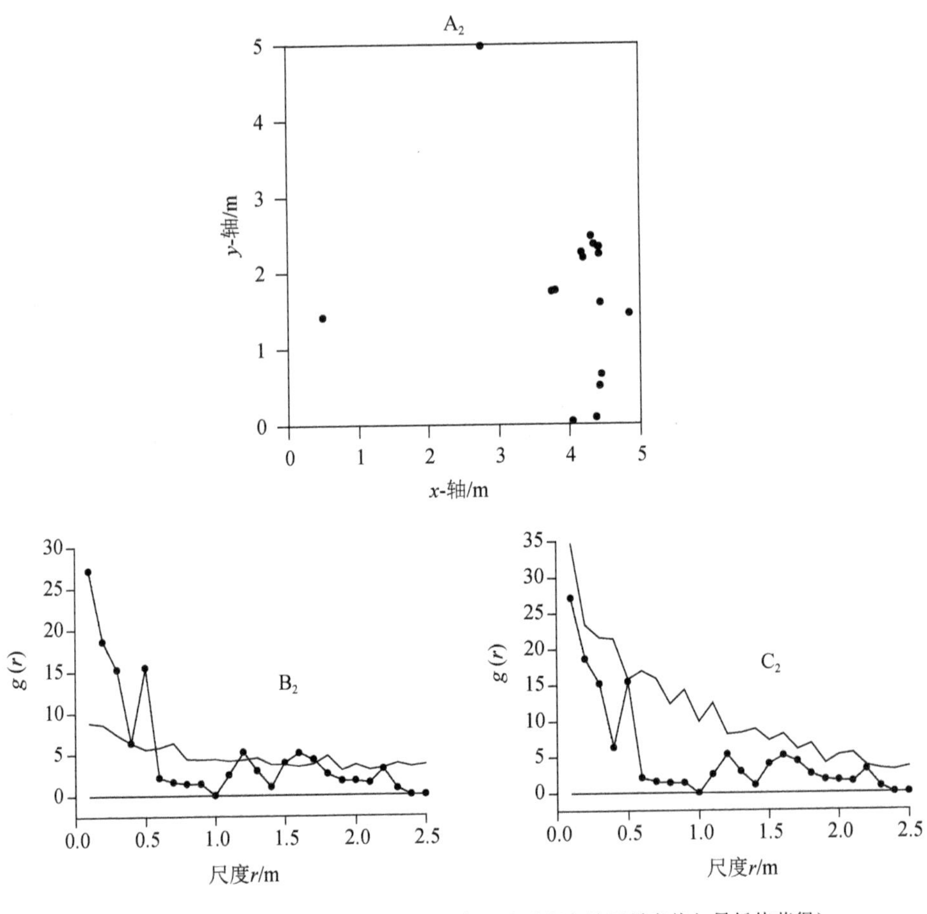

图 2-32　恢复 8 年群落中落草种群第 2 次重复取样点格局分析

A_2. 落草种群个体的位点；B_2. 基于完全空间随机模型；

C_2. 基于泊松聚块模型；下角标 2 指第 2 次重复取样

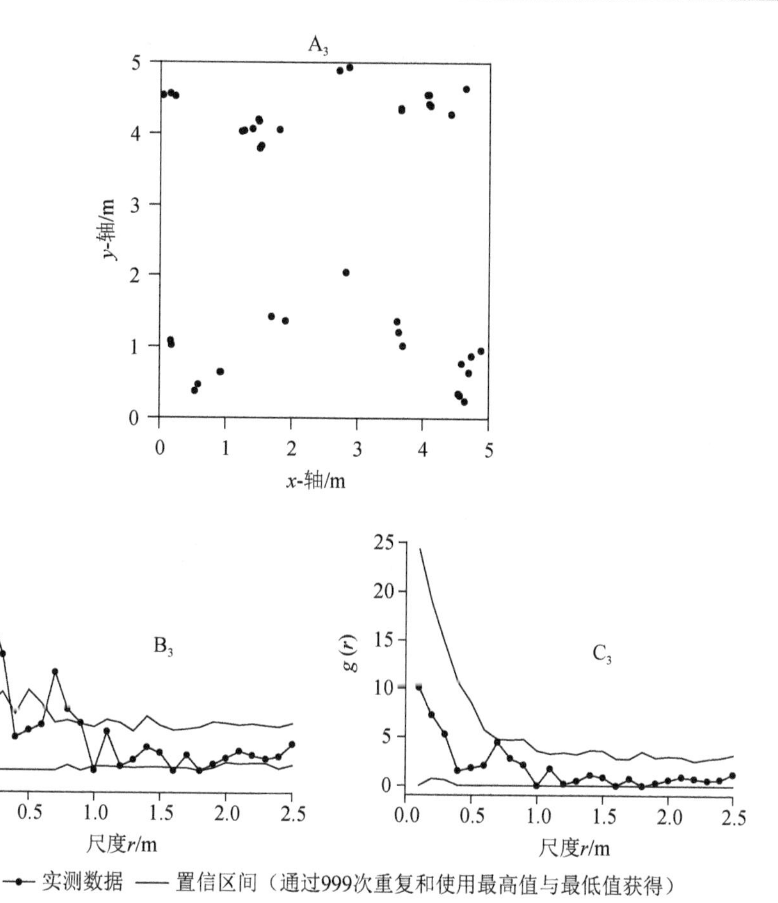

图 2-33　恢复 8 年群落中溚草种群第 3 次重复取样点格局分析

A_3. 溚草种群个体的位点；B_3. 基于完全空间随机模型；C_3. 基于泊松聚块模型；下角标 3 指第 3 次重复取样

2.3.6　双齿葱种群点格局分析

双齿葱种群在恢复 8 年群落中 3 个重复有关不同零模型的详细参数见表 2-12，种群分布位点见图 2-34 A_1，图 2-35 A_2 和图 2-36 A_3。

在恢复 8 年的群落中，双齿葱种群 3 个重复在局部尺度范围内偏离完全空间随机模型而呈现聚集分布（图 2-34 B_1，图 2-35 B_2 和图 2-36 B_3）；对于泊松聚块模型而言，在小尺度范围内偏离泊松聚块模型而在较大尺度范围内符合泊松聚块模型（图 2-34 C_1，图 2-35 C_2 和图 2-36 C_3）；对于嵌套双聚块模型，则在整个取样尺度范围内符合嵌套双聚块模型（图 2-34 D_1，图 2-35 D_2 和图 2-36 D_3）。

表 2-12　恢复 8 年群落中双齿葱种群使用泊松聚块模型和嵌套双聚块模型的单变量分析

重复	复合大尺度聚块格局				小尺度聚块格局		
	n	σ_1	$A\rho_1$	μ_1	σ_2	$A\rho_2$	μ_2
1	74	0.673	3.148	23.51	0.017	43.614	1.72
2	61	0.233	18.199	3.35	0.014	46.790	1.29
3	97	0.251	5.542	17.63	0.015	65.561	1.48

注：下角标 1 和 2 分别指大尺度和小尺度；A 为研究区域的面积（5 m × 5 m）；$A\rho$ 为研究区域中母体的数量；n 为格局中点的数目；$\mu = n / A\rho$，为在每一聚块中的平均点数；ρ 为母体格局的密度；σ 为聚块尺度参数。

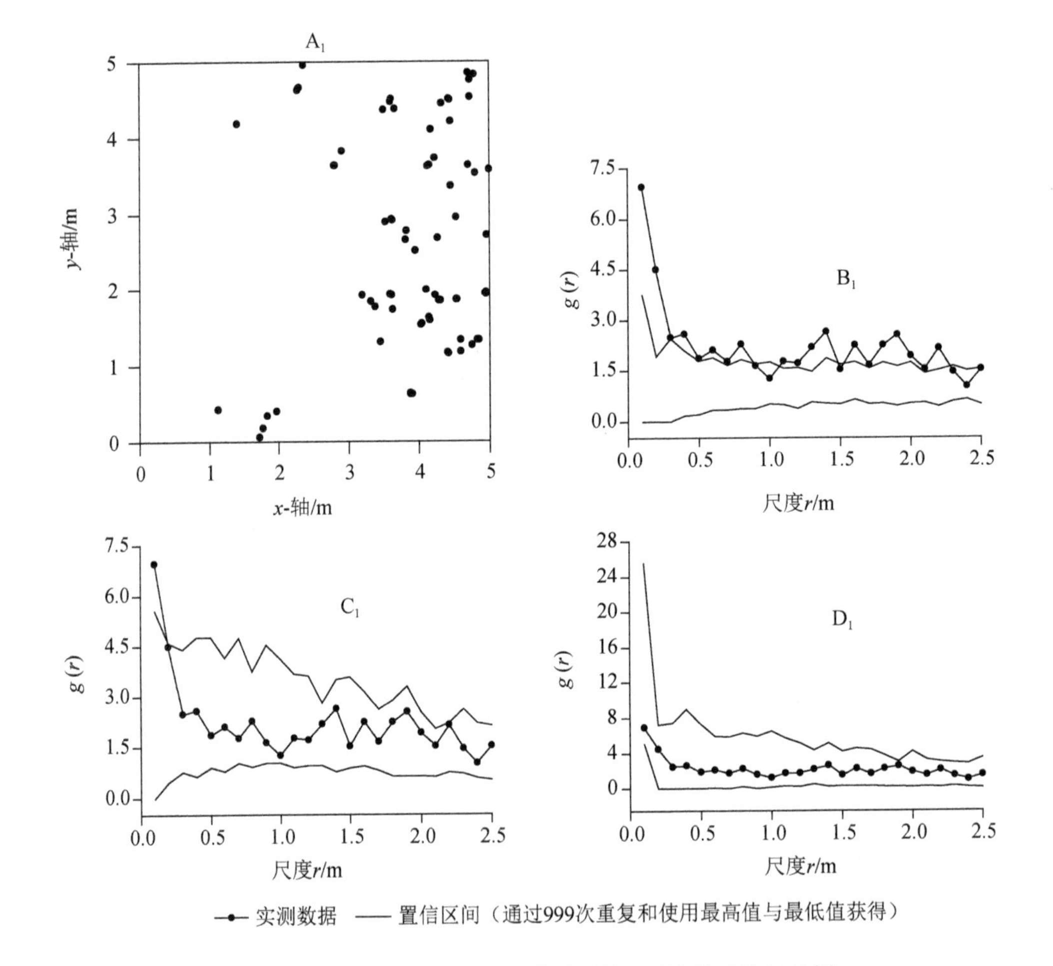

图 2-34　恢复 8 年群落中双齿葱种群第 1 次取样点格局分析

A_1. 双齿葱种群个体的位点；B_1. 基于完全空间随机模型；

C_1. 基于泊松聚块模型；D_1. 基于嵌套双聚块模型；下角标 1 指第 1 次取样

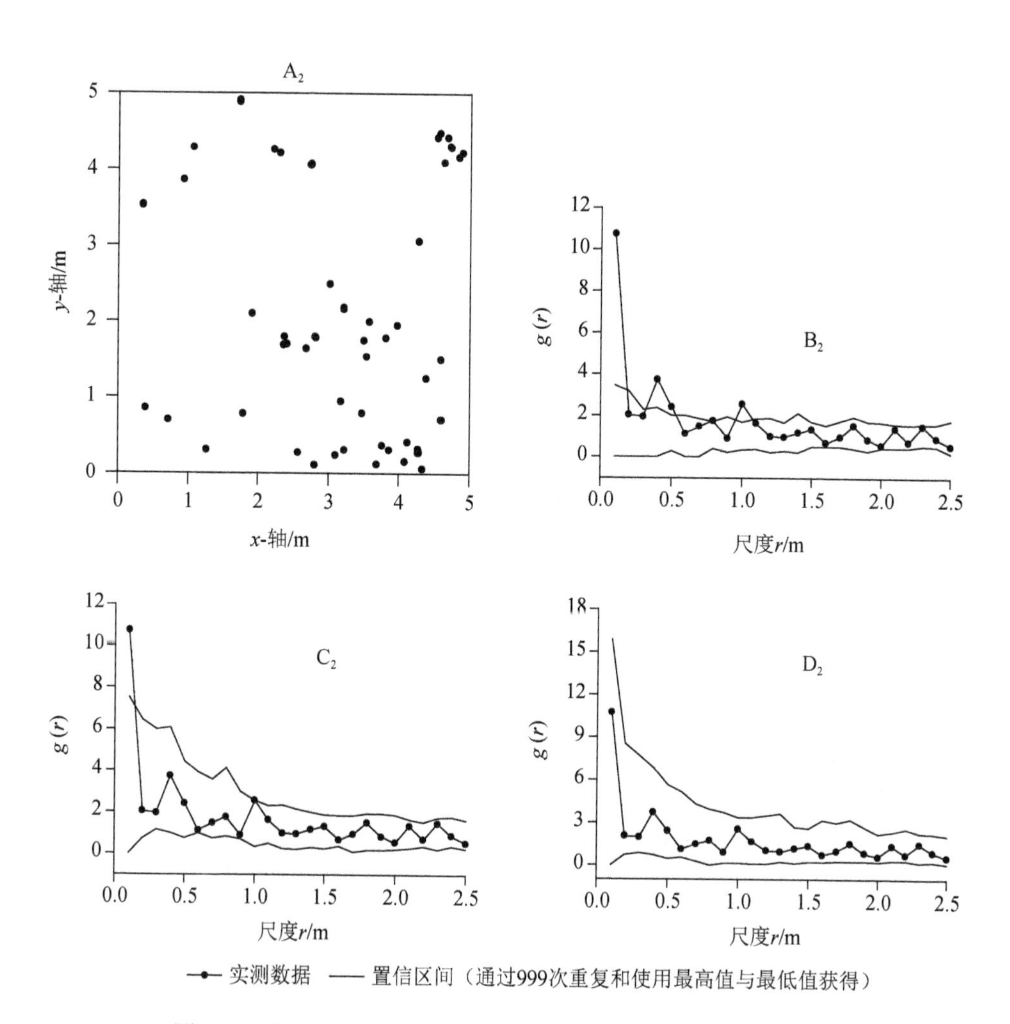

图 2-35　恢复 8 年群落中双齿葱种群第 2 次重复取样点格局分析

A_2. 双齿葱种群个体的位点；B_2. 基于完全空间随机模型；

C_2. 基于泊松聚块模型；D_2. 基于嵌套双聚块模型；下角标 2 指第 2 次重复取样

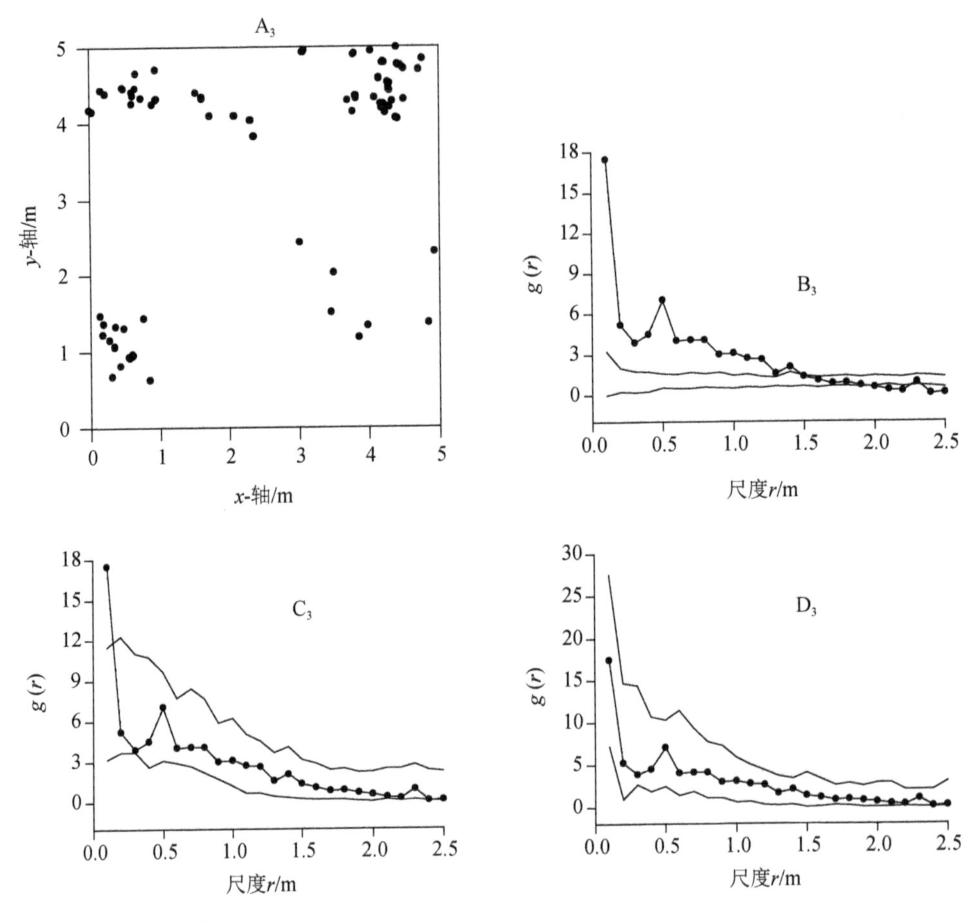

图 2-36　恢复 8 年群落中双齿葱种群第 3 次重复取样点格局分析

A_3. 双齿葱种群个体的位点；B_3. 基于完全空间随机模型；

C_3. 基于泊松聚块模型；D_3. 基于嵌套双聚块模型；下角标 3 指第 3 次重复取样

2.4　恢复 21 年群落主要种群点格局分析

2.4.1　羊草种群点格局分析

羊草种群在恢复 21 年群落中 3 个重复有关不同零模型的详细参数见表 2-13，种群分布位点见图 2-37 A_1，图 2-38 A_2 和图 2-39 A_3。

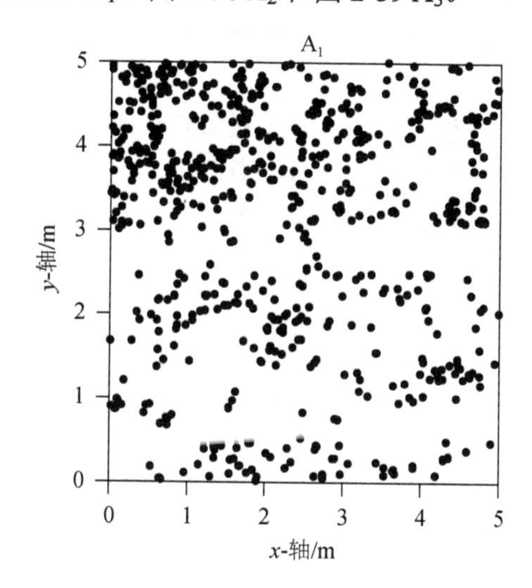

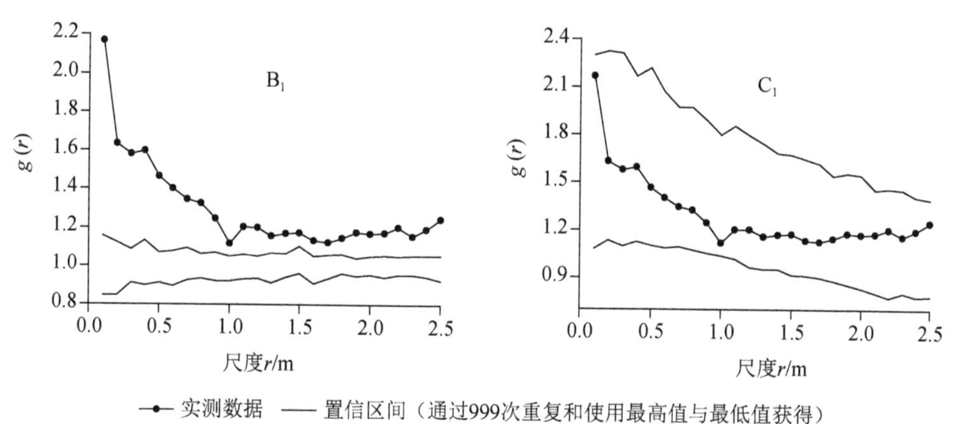

图 2-37　恢复 21 年群落中羊草种群第 1 次取样点格局分析

A_1. 羊草种群个体的位点；B_1. 基于完全空间随机模型；

C_1. 基于泊松聚块模型；下角标 1 指第 1 次取样

表 2-13　恢复 21 年群落中羊草种群使用泊松聚块模型和嵌套双聚块模型的单变量分析

重复	复合大尺度聚块格局				小尺度聚块格局		
	n	σ_1	$A\rho_1$	μ_1	σ_2	$A\rho_2$	μ_2
1	719	0.416	25.15	28.59	—	—	—
2	567	0.301	40.21	14.10	—	—	—
3	568	0.399	31.19	18.21	—	—	—

注：下角标 1 和 2 分别指大尺度和小尺度；A 为研究区域的面积（5 m × 5 m）；$A\rho$ 为研究区域中母体的数量；n 为格局中点的数目；$\mu = n / A\rho$，为在每一聚块中的平均点数；ρ 为母体格局的密度；σ 为聚块尺度参数。

在恢复 21 年的群落中，羊草种群 3 个重复在局部或整个取样范围内偏离完全空间随机模型而呈现聚集分布（图 2-37 B_1，图 2-38 B_2 和图 2-39 B_3）；就泊松聚块模型而言，在 5 m × 5 m 的取样范围内位于置信区间之内（图 2-37 C_1，图 2-38 C_2 和图 2-39 C_3）。

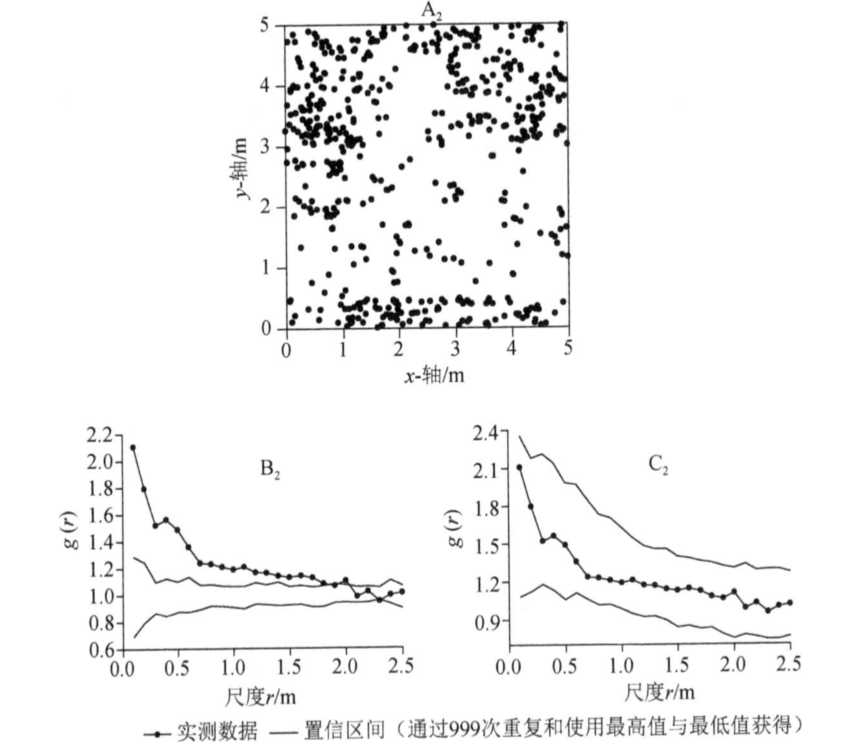

图 2-38　恢复 21 年群落中羊草种群第 2 次重复取样点格局分析

A_2. 羊草种群个体的位点；B_2. 基于完全空间随机模型；C_2. 基于泊松聚块模型；下角标 2 指第 2 次重复取样

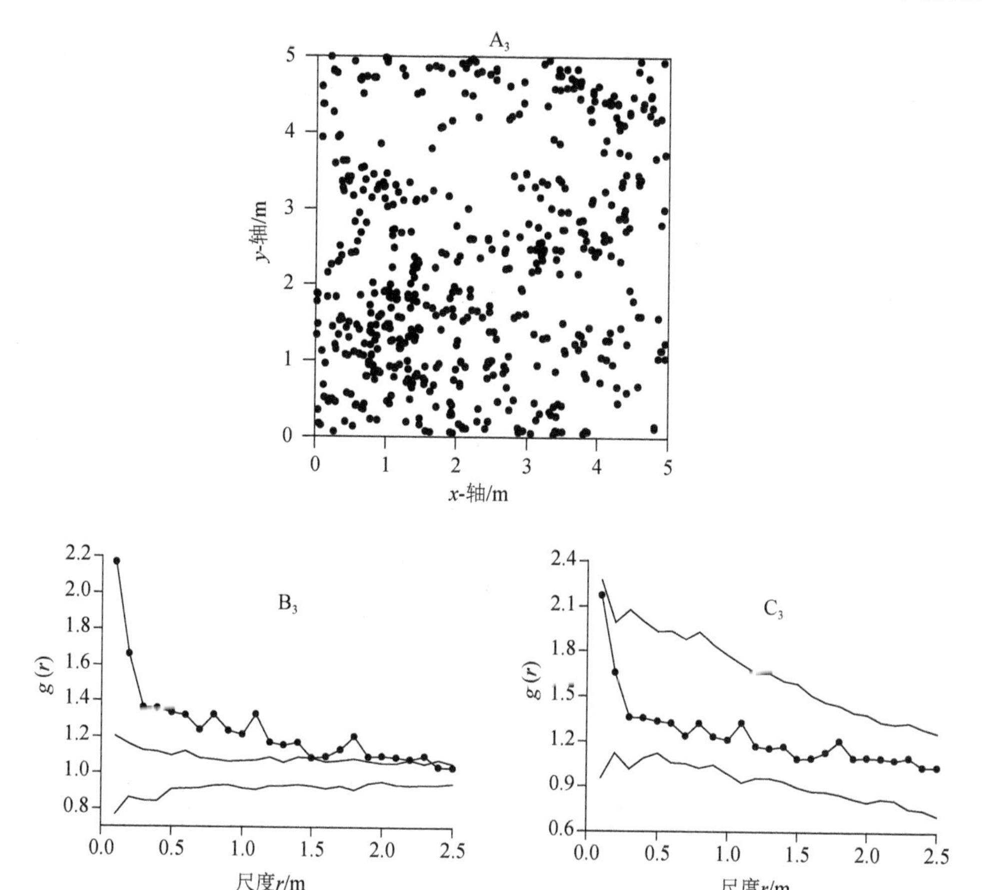

图 2-39　恢复 21 年群落中羊草种群第 3 次重复取样点格局分析

A_3. 羊草种群个体的位点；B_3. 基于完全空间随机模型；

C_3. 基于泊松聚块模型；下角标 3 指第 3 次重复取样

2.4.2　大针茅种群点格局分析

大针茅种群在恢复 21 年群落中 3 个重复有关不同零模型的详细参数见表 2-14，种群分布位点见图 2-40 A_1，图 2-41 A_2 和图 2-42 A_3。

在恢复 21 年的群落中，大针茅种群 3 个重复在局部尺度范围内偏离完全空间随机模型而表现出聚集分布（图 2-40 B_1，图 2-41 B_2 和图 2-42 B_3）；对于泊松聚块模型，在整个取样范围内位于置信区间之内（图 2-40 C_1，图 2-41 C_2 和图 2-42 C_3）。

表 2-14　恢复 21 年群落中大针茅种群使用泊松聚块模型和嵌套双聚块模型的单变量分析

重复	复合大尺度聚块格局				小尺度聚块格局		
	n	σ_1	$A\rho_1$	μ_1	σ_2	$A\rho_2$	μ_2
1	885	0.189	177.79	4.98	—	—	—
2	899	0.117	247.47	3.63	—	—	—
3	858	0.358	39.66	21.63	—	—	—

注：下角标 1 和 2 分别指大尺度和小尺度；A 为研究区域的面积（5 m × 5 m）；$A\rho$ 为研究区域中母体的数量；n 为格局中点的数目；$\mu = n / A\rho$，为在每一聚块中的平均点数；ρ 为母体格局的密度；σ 为聚块尺度参数。

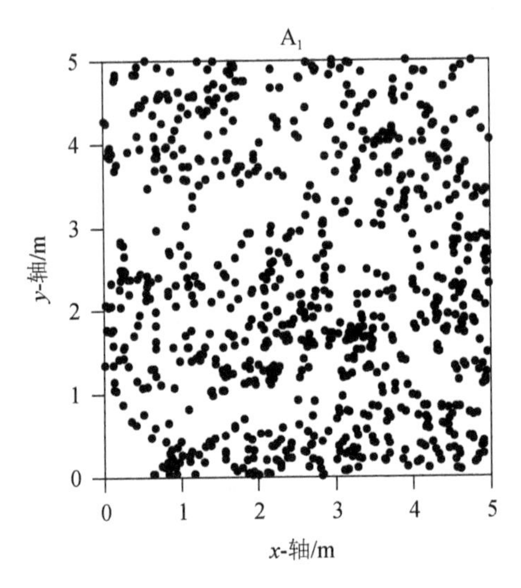

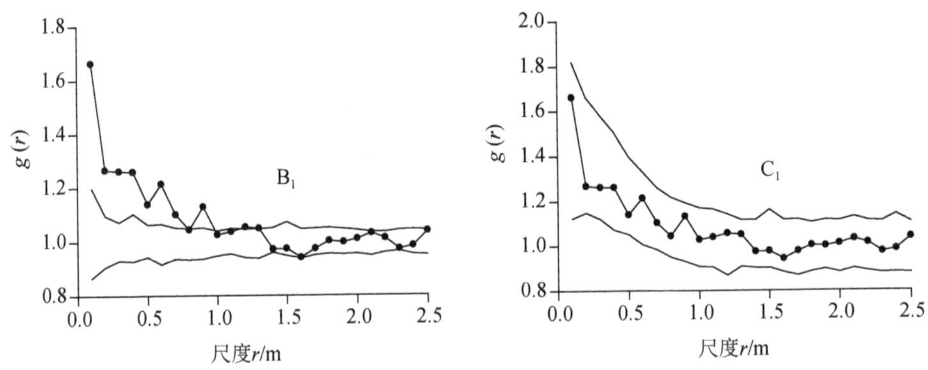

图 2-40　恢复 21 年群落中大针茅种群第 1 次取样点格局分析

A_1. 大针茅种群个体的位点；B_1. 基于完全空间随机模型；C_1. 基于泊松聚块模型；下角标 1 指第 1 次取样

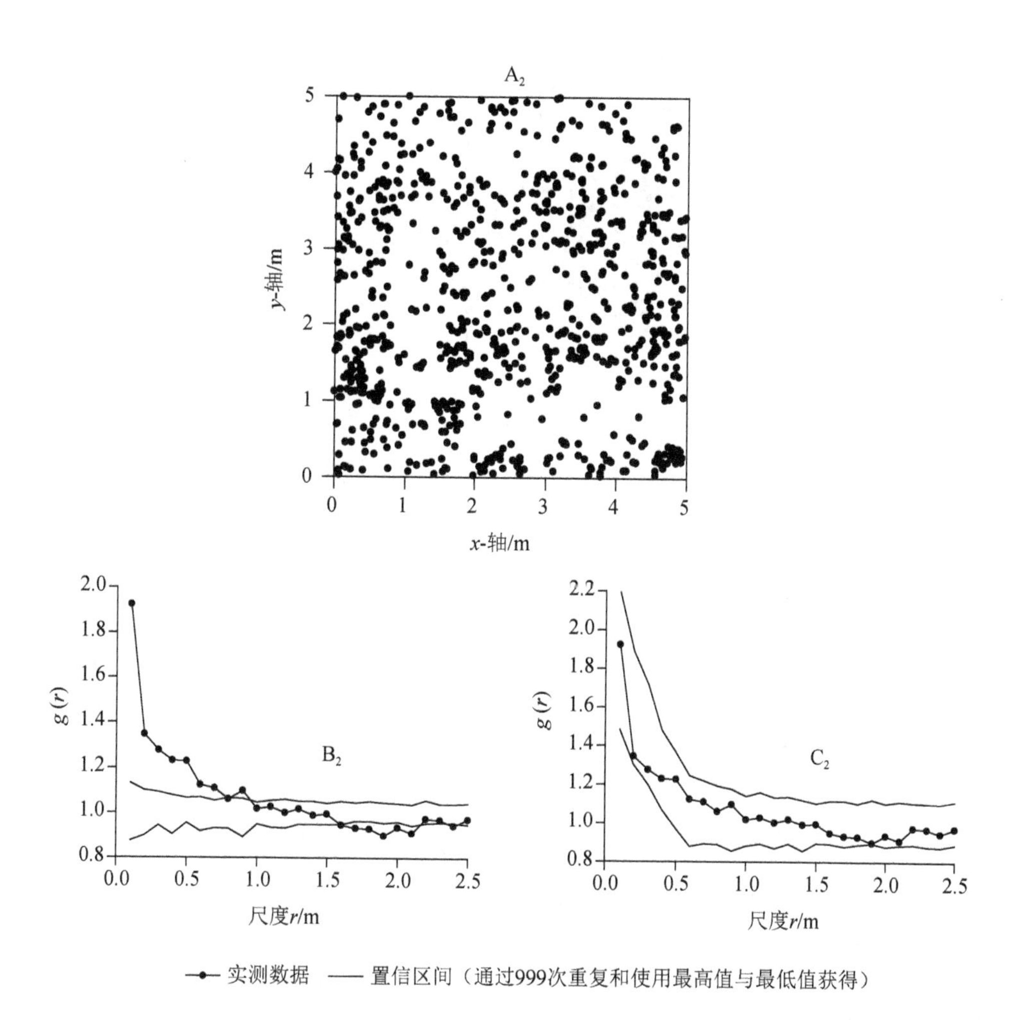

图 2-41　恢复 21 年群落中大针茅种群第 2 次重复取样点格局分析

A_2. 大针茅种群个体的位点；B_2. 基于完全空间随机模型；

C_2. 基于泊松聚块模型；下角标 2 指第 2 次重复取样

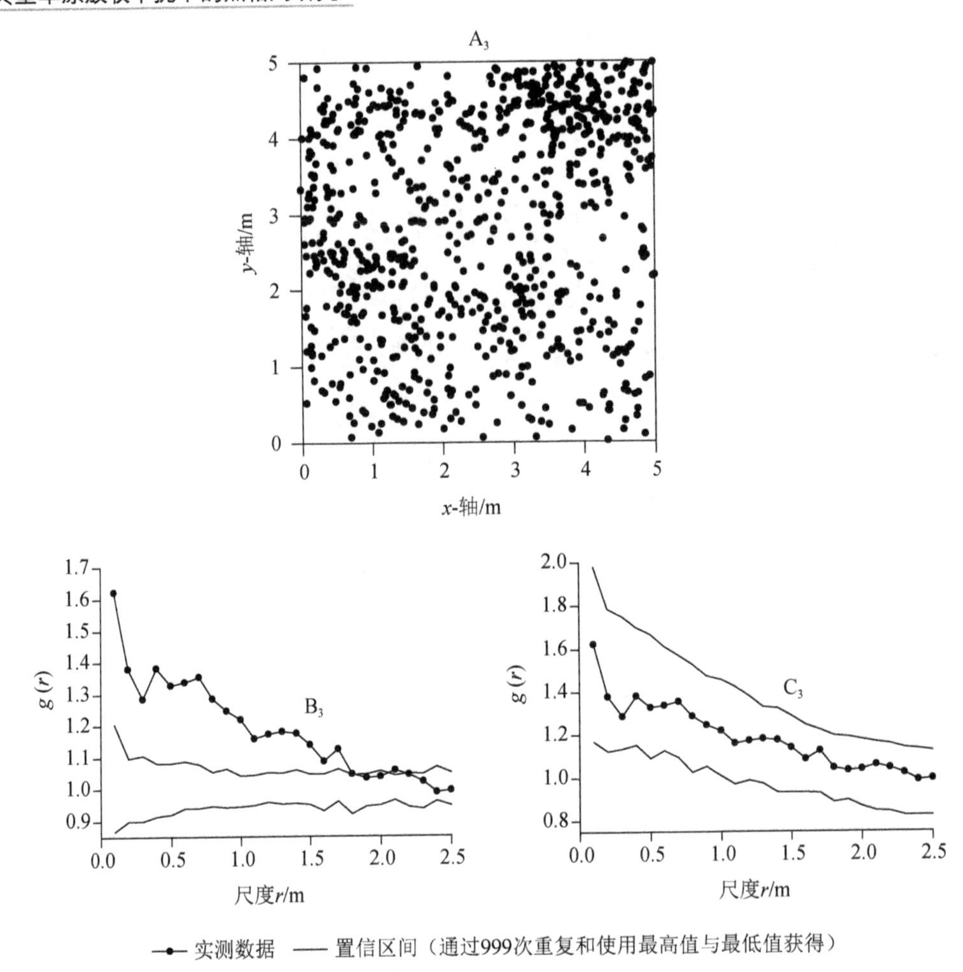

图 2-42　恢复 21 年群落中大针茅种群第 3 次重复取样点格局分析

A_3. 大针茅种群个体的位点；B_3. 基于完全空间随机模型；C_3. 基于泊松聚块模型；下角标 3 指第 3 次重复取样

2.4.3　米氏冰草种群点格局分析

米氏冰草种群在恢复21年群落中3个重复有关不同零模型的详细参数见表2-15，种群分布位点见图 2-43 A_1，图 2-44 A_2 和图 2-45 A_3。

在恢复 21 年的群落中，米氏冰草种群 3 个重复在局部尺度范围内或整个取样范围内偏离完全空间随机模型而呈现聚集分布（图 2-43 B_1，图 2-44 B_2 和图 2-45 B_3）；对于泊松聚块模型，在 5 m × 5 m 的取样范围内位于置信区间之内（图 2-43 C_1，图 2-44 C_2 和图 2-45 C_3）。

表 2-15　恢复 21 年群落中米氏冰草种群使用泊松聚块模型和嵌套双聚块模型的单变量分析

重复	复合大尺度聚块格局				小尺度聚块格局		
	n	σ_1	$A\rho_1$	μ_1	σ_2	$A\rho_2$	μ_2
1	1 534	0.328	40.91	37.50	—	—	—
2	1 473	0.364	23.69	62.18	—	—	—
3	1 436	0.381	20.83	68.94	—	—	—

注：下角标 1 和 2 分别指大尺度和小尺度；A 为研究区域的面积（5 m × 5 m）；$A\rho$ 为研究区域中母体的数量；n 为格局中点的数目；$\mu = n / A\rho$，为在每一聚块中的平均点数；ρ 为母体格局的密度；σ 为聚块尺度参数。

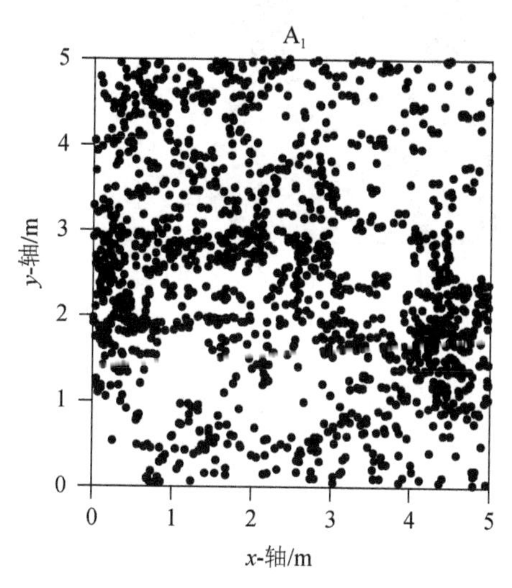

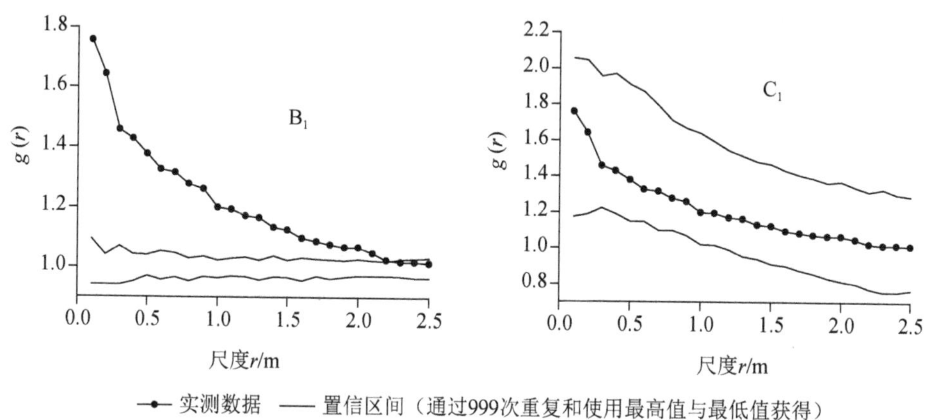

图 2-43　恢复 21 年群落中米氏冰草种群第 1 次取样点格局分析

A_1. 米氏冰草种群个体的位点；B_1. 基于完全空间随机模型；C_1. 基于泊松聚块模型；下角标 1 指第 1 次取样

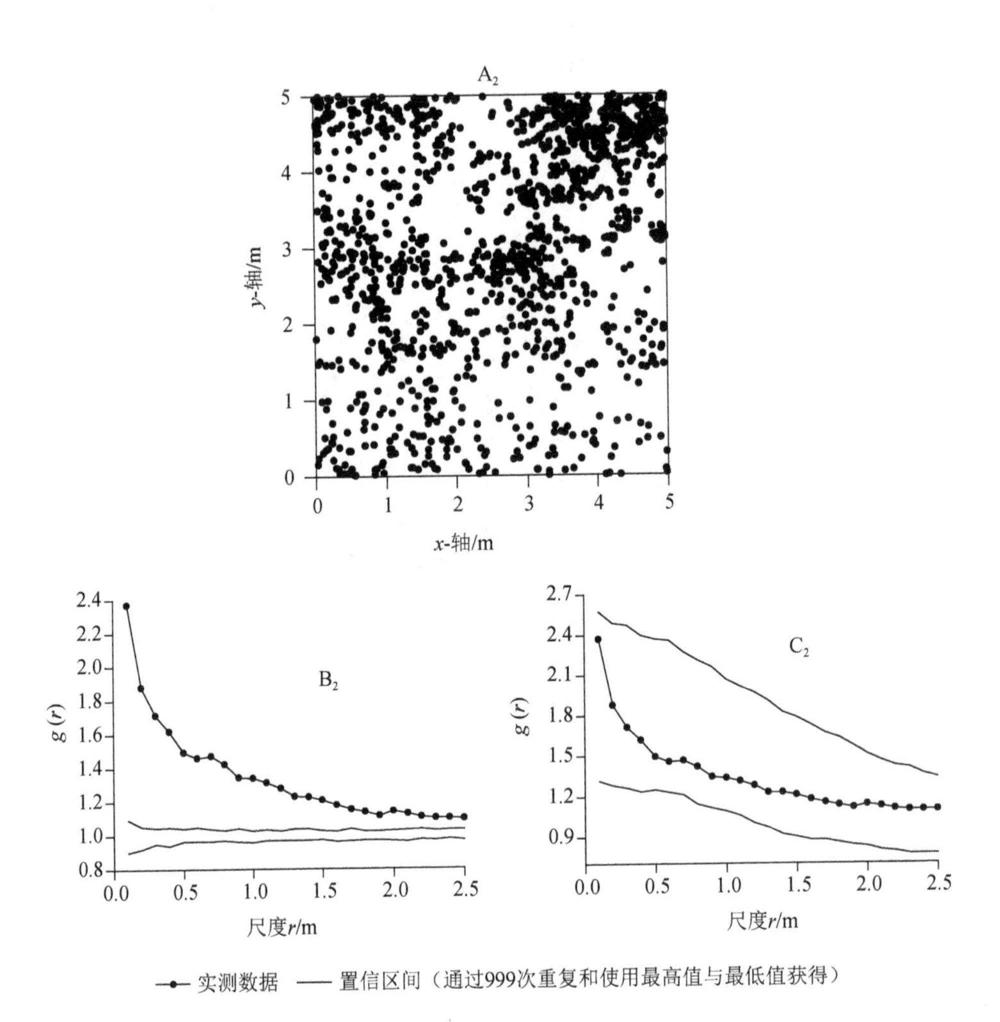

图 2-44 恢复 21 年群落中米氏冰草种群第 2 次重复取样点格局分析

A_2. 米氏冰草种群个体的位点；B_2. 基于完全空间随机模型；

C_2. 基于泊松聚块模型；下角标 2 指第 2 次重复取样

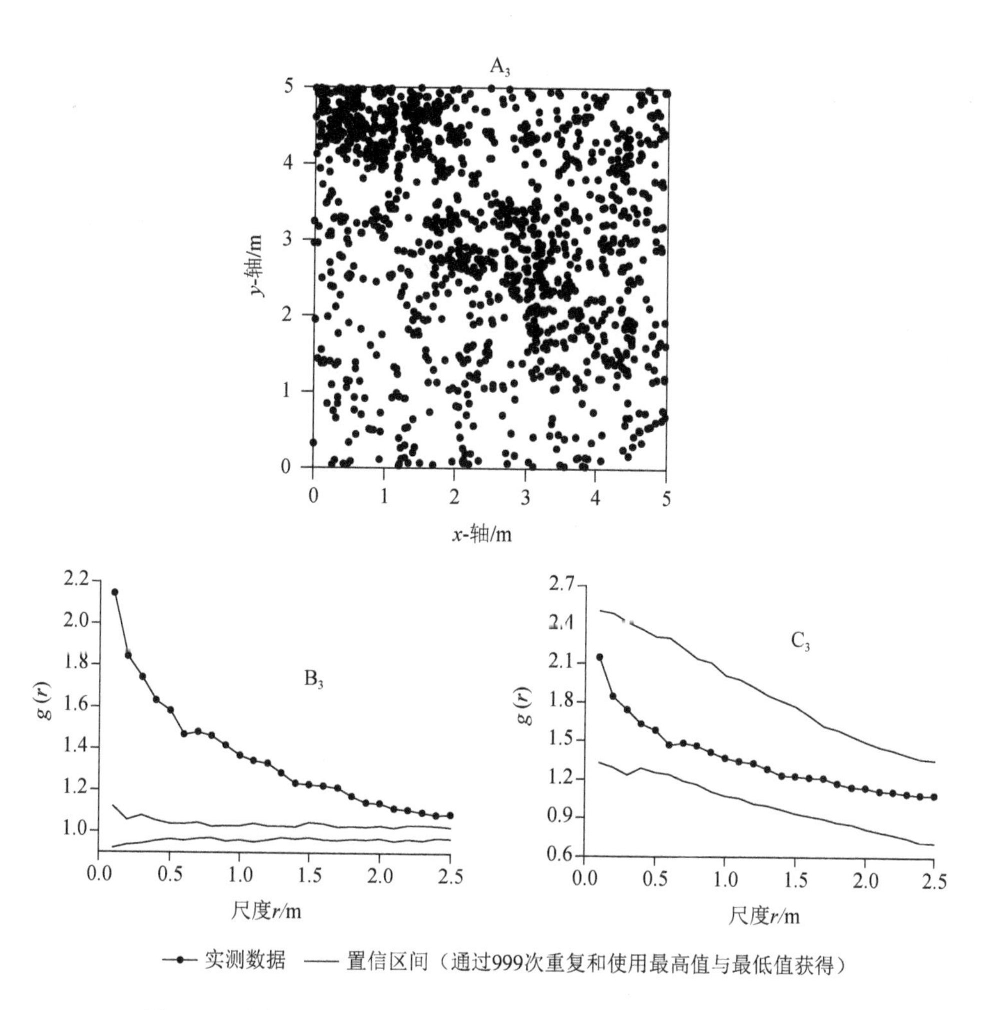

图 2-45　恢复 21 年群落中米氏冰草种群第 3 次重复取样点格局分析

A_3. 米氏冰草种群个体的位点；B_3. 基于完全空间随机模型；

C_3. 基于泊松聚块模型；下角标 3 指第 3 次重复取样

2.4.4　糙隐子草种群点格局分析

糙隐子草种群在恢复 21 年群落中 3 个重复有关不同零模型的详细参数见表 2-16，种群分布位点见图 2-46 A_1，图 2-47 A_2 和图 2-48 A_3。

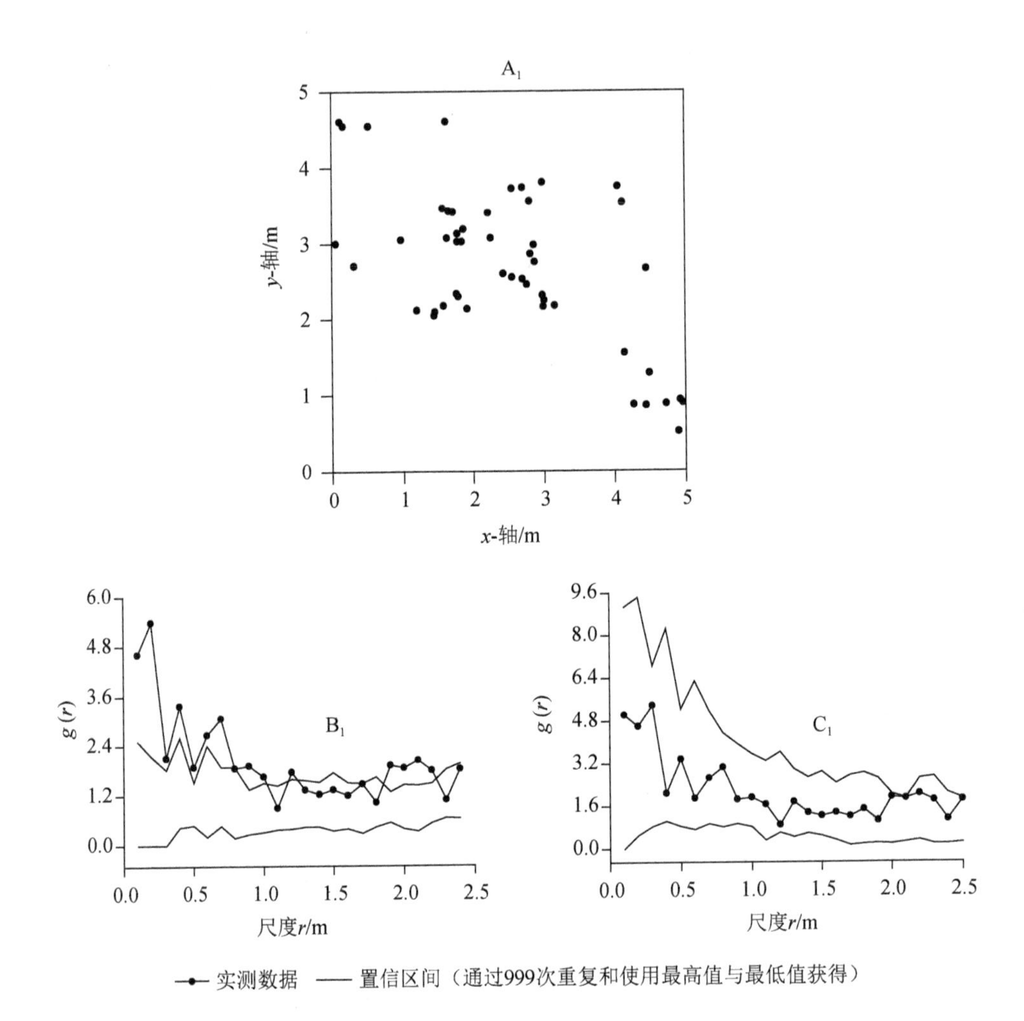

图 2-46　恢复 21 年群落中糙隐子草种群第 1 次取样点格局分析

A_1. 糙隐子草种群个体的位点；B_1. 基于完全空间随机模型；

C_1. 基于泊松聚块模型；下角标 1 指第 1 次取样

在恢复 21 年的群落中，糙隐子草种群，第 1 次取样和第 2 次重复取样在局部尺度范围内偏离完全空间随机模型而表现出聚集分布（图 2-46 B_1 和图 2-47 B_2），而重复 3 在整个取样尺度上符合完全空间随机模型而表现出随机分布（图 2-48 B_3）；就泊松聚块模型而言，第 1 次取样和第 2 次重复取样在整个取样范围内位于置信区间之内（图 2-46 C_1 和图 2-47 C_2）。

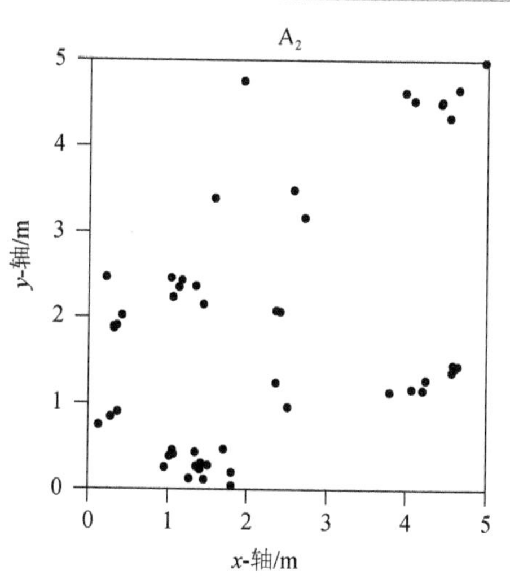

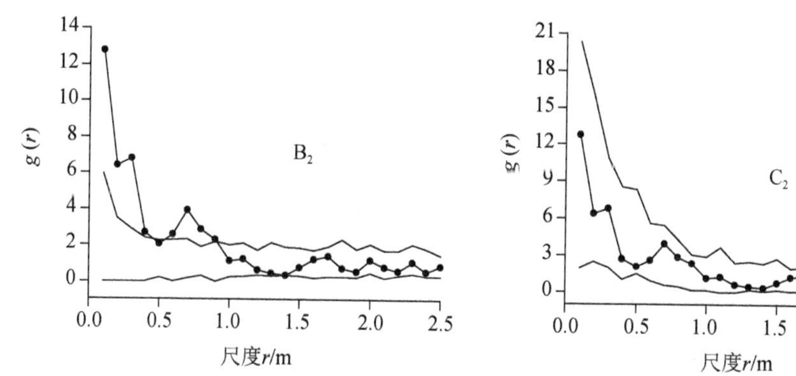

图 2-47　恢复 21 年群落中糙隐子草种群第 2 次重复取样点格局分析

A_2. 糙隐子草种群个体的位点；B_2. 基于完全空间随机模型；C_2. 基于泊松聚块模型；下角标 2 指第 2 次重复取样

表 2-16　恢复 21 年群落中糙隐子草种群使用泊松聚块模型和嵌套双聚块模型的单变量分析

重复	复合大尺度聚块格局				小尺度聚块格局		
	n	σ_1	$A\rho_1$	μ_1	σ_2	$A\rho_2$	μ_2
1	50	0.313	8.62	5.80	—	—	—
2	51	0.163	13.95	3.66	—	—	—
3	20	—	—	—	—	—	—

注：下角标 1 和 2 分别指大尺度和小尺度；A 为研究区域的面积（5 m × 5 m）；$A\rho$ 为研究区域中母体的数量；n 为格局中点的数目；$\mu = n / A\rho$，为在每一聚块中的平均点数；ρ 为母体格局的密度；σ 为聚块尺度参数。

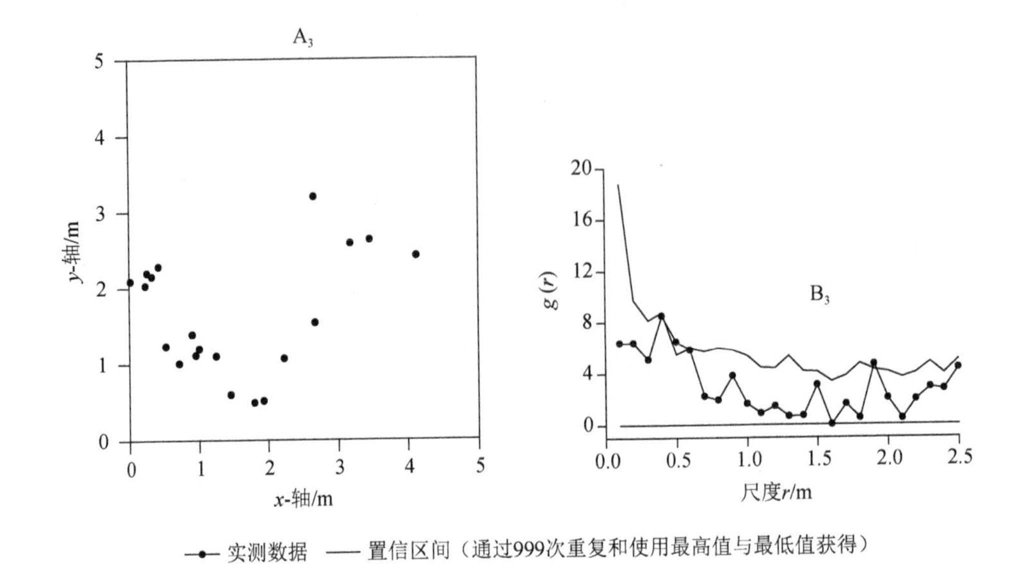

图 2-48　恢复 21 年群落中糙隐子草种群第 3 次重复取样点格局分析

A_3. 糙隐子草种群个体的位点；

B_3. 基于完全空间随机模型；下角标 3 指第 3 次重复取样

2.4.5　落草种群点格局分析

落草种群在恢复 21 年群落中 3 个重复有关不同零模型的详细参数见表 2-17，种群分布位点见图 2-49 A_1，图 2-50 A_2 和图 2-51 A_3。

在恢复 21 年的群落中，落草种群 3 个重复在局部尺度范围内偏离完全空间随机模型而表现出聚集分布（图 2-49 B_1，图 2-50 B_2 和图 2-51 B_3）；对于泊松聚块模型，在整个取样范围内位于置信区间之内（图 2-49 C_1，图 2-50 C_2 和图 2-51 C_3）。

表 2-17　恢复 21 年群落中落草种群使用泊松聚块模型和嵌套双聚块模型的单变量分析

重复	复合大尺度聚块格局				小尺度聚块格局		
	n	σ_1	$A\rho_1$	μ_1	σ_2	$A\rho_2$	μ_2
1	161	0.607	7.01	22.97	—	—	—
2	96	0.135	45.83	2.09	—	—	—
3	122	0.382	13.31	9.17	—	—	—

注：下角标 1 和 2 分别指大尺度和小尺度；A 为研究区域的面积（5 m × 5 m）；$A\rho$ 为研究区域中母体的数量；n 为格局中点的数目；$\mu = n / A\rho$，为在每一聚块中的平均点数；ρ 为母体格局的密度；σ 为聚块尺度参数。

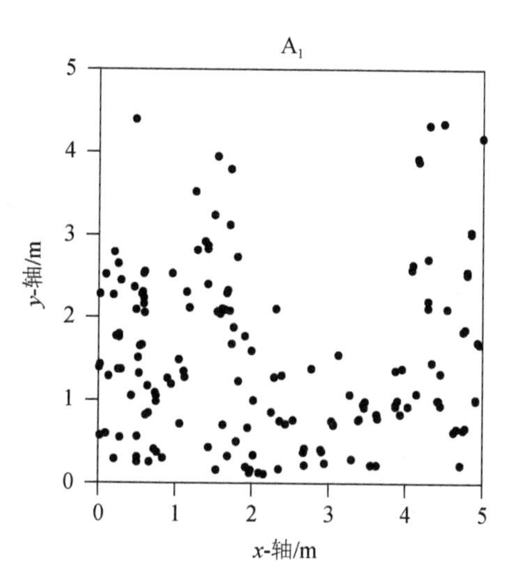

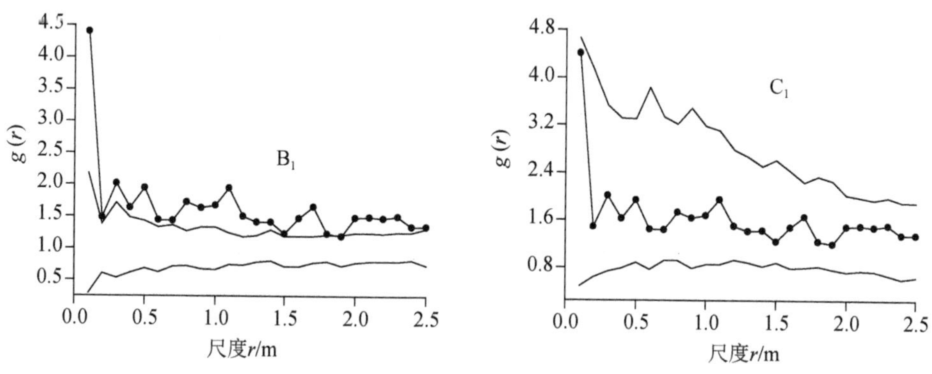

图 2-49　恢复 21 年群落中落草种群第 1 次取样点格局分析

A_1. 落草种群个体的位点；B_1. 基于完全空间随机模型；

C_1. 基于泊松聚块模型；下角标 1 指第 1 次取样

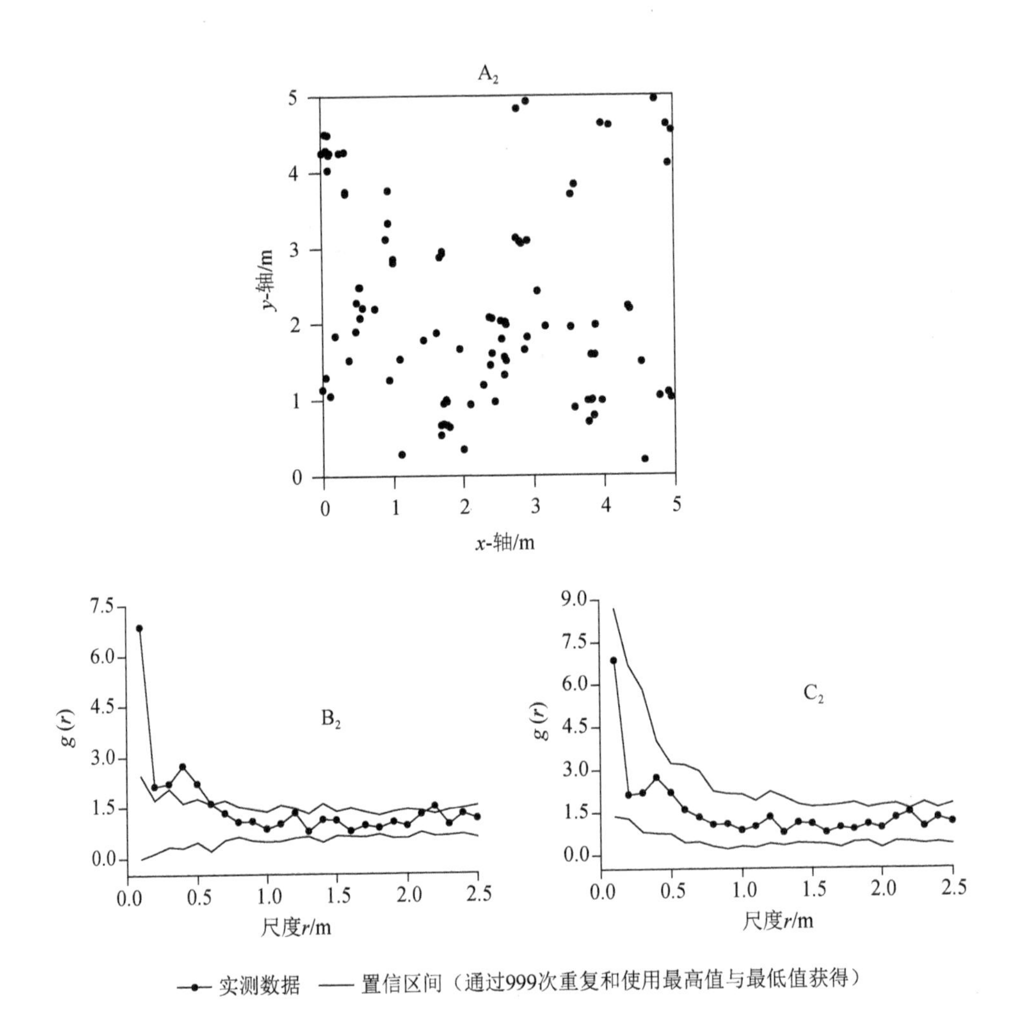

图 2-50　恢复 21 年群落中落草种群第 2 次重复取样点格局分析

A_2. 落草种群个体的位点；B_2. 基于完全空间随机模型；

C_2. 基于泊松聚块模型；下角标 2 指第 2 次重复取样

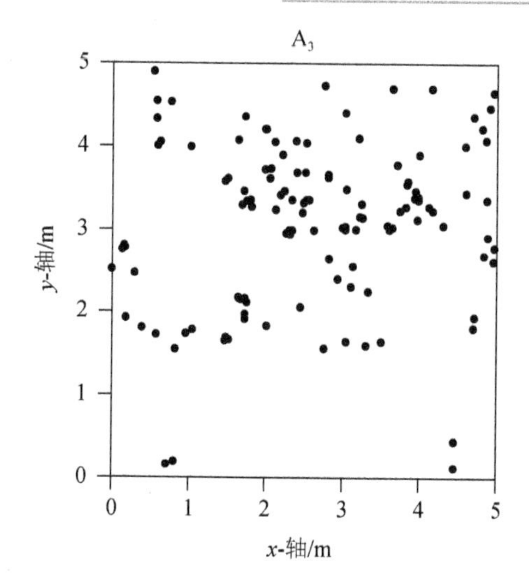

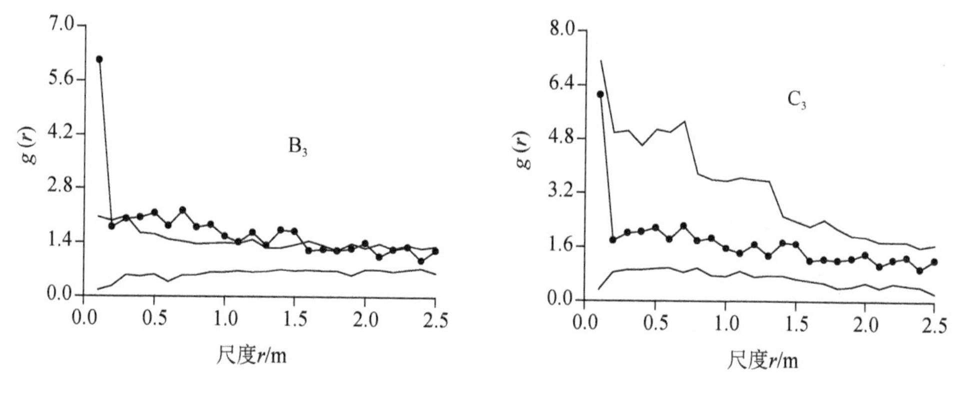

图 2-51　恢复 21 年群落中落草种群第 3 次重复取样点格局分析

A_3. 落草种群个体的位点；B_3. 基于完全空间随机模型；C_3. 基于泊松聚块模型；下角标 3 指第 3 次重复取样

2.4.6　双齿葱种群点格局分析

双齿葱种群在恢复 21 年群落中 3 个重复有关不同零模型的详细参数见表 2-18，种群分布位点见图 2-52 A_1，图 2-53 A_2 和图 2-54 A_3。

在恢复 21 年的群落中，双齿葱种群 3 个重复在局部尺度范围内偏离完全空间随机模型而表现出聚集分布（图 2-52 B_1，图 2-53 B_2 和图 2-54 B_3）；对于泊松聚块模型而言，在小尺度范围内偏离泊松聚块模型而在较大尺度范围内符合泊松聚块模型（图 2-52 C_1，图 2-53 C_2 和图 2-54 C_3）；对于嵌套双聚块模型，则在整个

取样尺度范围内符合嵌套双聚块模型（图 2-52 D_1，图 2-53 D_2 和图 2-54 D_3）。

表 2-18 恢复 21 年群落中双齿葱种群使用泊松聚块模型和嵌套双聚块模型的单变量分析

重复	复合大尺度聚块格局				小尺度聚块格局		
	n	σ_1	$A\rho_1$	μ_1	σ_2	$A\rho_2$	μ_2
1	149	0.288	12.137	12.28	0.018	146.523	1.02
2	20	0.344	2.609	7.69	0.015	4.227	4.74
3	39	0.339	1.411	27.86	0.044	25.652	1.52

注：下角标 1 和 2 分别指大尺度和小尺度；A 为研究区域的面积（5 m × 5 m）；$A\rho$ 为研究区域中母体的数量；n 为格局中点的数目；$\mu = n / A\rho$，为在每一聚块中的平均点数；ρ 为母体格局的密度；σ 为聚块尺度参数。

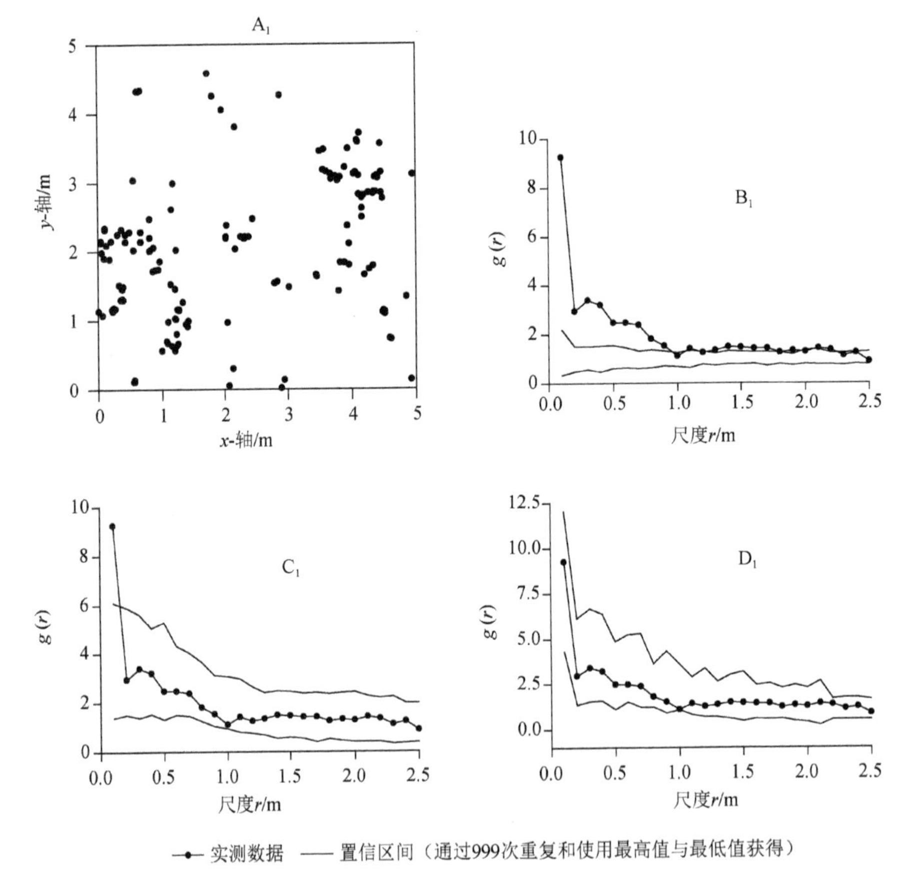

图 2-52 恢复 21 年群落中双齿葱种群第 1 次取样点格局分析

A_1. 双齿葱种群个体的位点；B_1. 基于完全空间随机模型；

C_1. 基于泊松聚块模型；D_1. 基于嵌套双聚块模型；下角标 1 指第 1 次取样

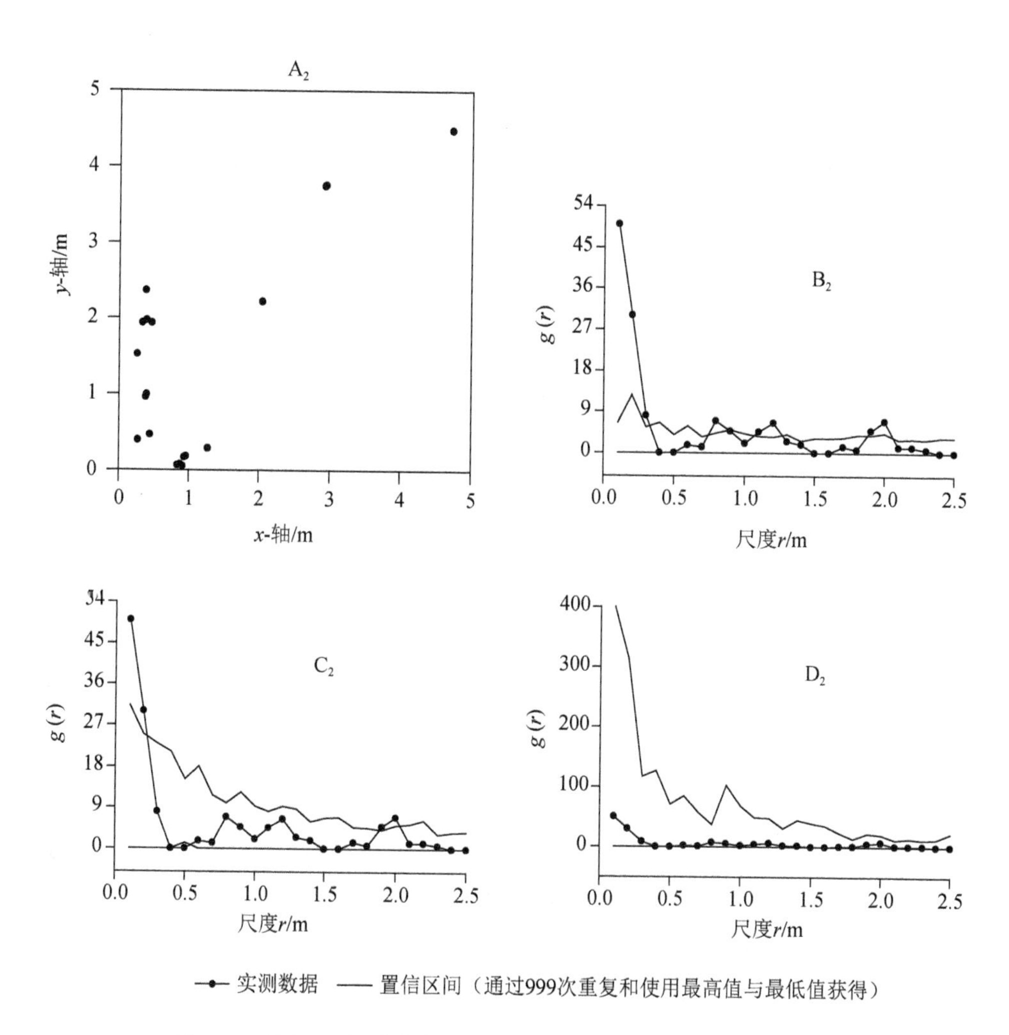

图 2-53　恢复 21 年群落中双齿葱种群第 2 次重复取样点格局分析

A_2. 双齿葱种群个体的位点；B_2. 基于完全空间随机模型；

C_2. 基于泊松聚块模型；D_2. 基于嵌套双聚块模型；下角标 2 指第 2 次重复取样

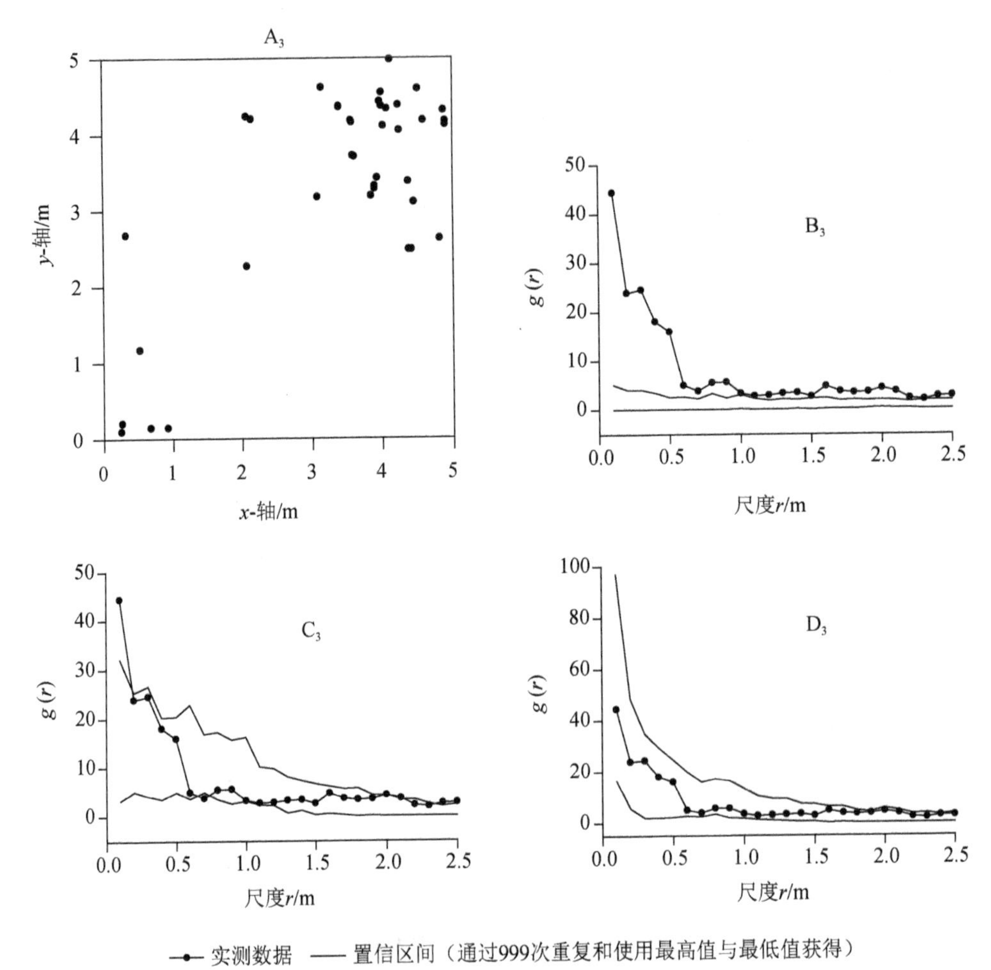

图 2-54　恢复 21 年群落中双齿葱种群第 3 次重复取样点格局分析

A_3. 双齿葱种群个体的位点；B_3. 基于完全空间随机模型；

C_3. 基于泊松聚块模型；D_3. 基于嵌套双聚块模型；下角标 3 指第 3 次重复取样

2.5 种群格局与放牧胁迫下的正相互作用

2.5.1 不同恢复演替阶段的种群格局

在植物种群空间格局研究中，引起种群空间格局发生变化的因素有多种，概括起来有3类：生境异质性引起的种群格局；种群生物学特点引起的种群格局；种群个体间的相互作用引起的种群格局。如果对同一种群而言，种群的生物学特点相同，种群格局将主要受生境异质性和种群个体间相互作用的影响。在我们的研究中，选择了地表平坦、具有代表性、群落外貌均匀、生境均质的3个重复进行研究，从而排除生境异质性对种群格局的影响，又我们的实验检验的是同一种群在不同恢复演替阶段的格局差异，那么，种群格局应当主要受种群个体间相互作用的影响，也就是说在不同恢复演替阶段同一种群的格局差异主要是种群个体间相互作用所致。

点格局是生态学家分析种群空间格局最常用的方法，而成功使用点格局的关键是选择合适的零模型并且能够合理解释实测数据与零模型的偏离（Wiegand and Moloney，2004）。在本项研究中，为了揭示不同恢复演替阶段种群空间格局的特点，我们选择了完全空间随机模型、泊松聚块模型和嵌套双聚块模型。

首先，我们使用完全空间随机模型分析种群空间格局，发现羊草、大针茅、米氏冰草、糙隐子草、落草和双齿葱种群，在不同恢复演替阶段、一定尺度范围内，均偏离完全空间随机模型而呈现聚集分布，种群格局在不同恢复演替阶段并未表现出差异（图 2-1B_1，2-2B_2，2-3B_3，2-4B_1，2-5B_2，2-6B_3，2-7B_1，2-8B_2，2-9B_3，2-10B_1，2-11B_2，2-12B_3，2-13B_1，2-14B_2，2-16B_1，2-17B_2，2-18B_3，2-19B_1，2-20B_2，2-21B_3，2-22B_1，2-23B_2，2-24B_3，2-25B_1，2-26B_2，2-27B_3，2-28B_1，2-29B_2，2-30B_3，2-31B_1，2-32B_2，2-33B_3，2-34B_1，2-35B_2，2-36B_3，2-37B_1，2-38B_2，2-39B_3，2-40B_1，2-41B_2，2-42B_3，2-43B_1，2-44B_2，2-45B_3，2-46B_1，2-47B_2，2-49B_1，2-50B_2，2-51B_3，2-52B_1，2-53B_2和图 2-54B_3），落草种群在严重退化群落中重复3在整个取样尺度上符合完全空间随机模型（图 2-15B_3），糙隐子草种群在恢复21年的群落中重复3在整个取样尺度上符合完全空间随机模型（2-48 B_3）。在种群空间格局研究中，虽然完全空间随机模型最受青睐、最常用（Wiegand and Moloney，2004），可是由于空间格局的复杂性，对于点格局分析来说，完全空间随机模型并不是有

效的手段（Stoyan D and Stoyan H，1996；Plotkin et al.，2002）。也就是说，尽管完全空间随机模型能够检测种群在不同尺度下的格局类型（聚集分布、均匀分布或是随机分布），却不能检测种群聚集分布的内在特征，而种群格局的差异或许就隐含在聚集分布的内部，故需要其他较复杂的零模型来检验种群格局聚集分布的内在特征。

其次，因为泊松聚块模型能够检测单一尺度下的聚集分布，我们选择泊松聚块模型来检验 6 个主要种群在不同恢复演替阶段种群格局聚集分布的内在特征。研究结果表明，羊草、大针茅、米氏冰草、糙隐子草 4 个主要种群的空间格局，在严重退化群落中均在小尺度范围内偏离且在较大尺度范围内符合泊松聚块模型（图 2-1C_1，2-2C_2，2-3C_3，2-4C_1，2-5C_2，2-6C_3，2-7C_1，2-8C_2，2-9 C_3，2-10 C_1，2-11C_2 和图 2-12C_3）；而在恢复 8 年和恢复 21 年群落中在整个取样尺度范围内完全符合泊松聚块模型（图 2-19C_1，2-20C_2，2-21C_3，2-22C_1，2-23C_2，2-24C_3，2-25C_1，2-26C_2，2-27C_3，2-28C_1，2-29C_2，2-30C_3，2-37C_1，2-38C_2，2-39C_3，2-40C_1，2-41C_2，2-42C_3，2-43C_1，2-44C_2，2-45C_3；2-46C_1，2-47C_2），糙隐子草种群在恢复 21 年的群落中重复 3 例外（图 2-48C_3）。除了在严重退化群落中重复 3 在整个取样尺度上符合完全空间随机模型（图 2-15B_3）外，落草种群在不同恢复演替阶段在整个取样尺度上均符合泊松聚块模型而未表现出差异（图 2-13C_1，2-14C_2，2-31C_1，2-32C_2，2-33C_3，2-49C_1，2-50C_2 和图 2-51C_3）。除严重退化群落重复 3 在整个取样尺度范围内符合泊松聚块模型外（图 2-18C_3），双齿葱种群在不同恢复演替阶段均在小尺度范围内偏离且在较大尺度范围内符合泊松聚块模型没有表现出差异（图 2-16C_1，2-17C_2，2-34C_1，2-35C_2，2-36C_3，2-52C_1，2-53C_2 和图 2-54C_3）。就羊草、大针茅、米氏冰草、糙隐子草 4 个主要种群的空间格局而言，在严重退化的群落中，种群格局的聚集分布可能是多重尺度的，而在恢复 8 年和恢复 21 年群落中则是单一尺度的聚集分布；双齿葱种群在不同恢复演替阶段种群格局的聚集分布可能是多重尺度的。

再次，由于嵌套双聚块模型能够检测双重尺度下的种群聚集分布，为了验证种群格局聚集分布的多重尺度的特点，我们选择了嵌套双聚块模型。研究结果显示，在严重退化群落中，羊草、大针茅、米氏冰草和糙隐子草 4 个主要种群在整个取样尺度范围内完全符合嵌套双聚块模型（图 2-1D_1，2-2D_2，2-3D_3，2-4D_1，2-5D_2，2-6D_3，2-7D_1，2-8D_2，2-9 D_3，2-10 D_1，2-11D_2 和图 2-12D_3），说明 4 个主

要种群的空间格局是双尺度的聚集分布，即在大聚块中嵌套着较高密度的小聚块。除严重退化群落重复 3 在整个取样尺度范围内符合泊松聚块模型外（图 2-18C_3），双齿葱种群在不同恢复演替阶段种群格局在整个取样尺度范围内符合嵌套双聚块模型（图 2-16D_1，2-17D_2，2-34D_1，2-35D_2，2-36D_3，2-52D_1，2-53D_2 和图 2-54D_3）。

最后，通过完全空间随机模型、泊松聚块模型和嵌套双聚块模型分析，可以看出羊草、大针茅、米氏冰草和糙隐子草 4 个主要种群的空间格局，在严重退化的群落中为双尺度的聚集分布格局，而在恢复 8 年和恢复 21 年的群落中则为单尺度的聚集分布格局；落草和双齿葱种群在恢复演替过程中，种群格局并未表现出差异。同时，表明在使用点格局分析种群空间格局时，依靠完全空间随机模型只能检验出种群格局聚集分布的类型，但不能检测聚集分布的内在特征，而泊松聚块模型和嵌套双聚块模型则能够检测聚集分布的内在特征，弥补了完全空间随机模型的不足，3 个模型的有机结合能够检测出复杂聚集分布的内在特征。

由于在研究过程中，选择了地表平坦、具有代表性、群落外貌均匀、生境均质的 3 个重复进行研究，从而排除生境异质性对种群格局的影响，研究结果表明同一种群在不同恢复演替阶段的种群格局存在差异，这种差异应当主要受种群个体间相互作用的影响。那么，应该怎样认识引起种群格局差异的种群个体间的相互作用呢？是竞争引起的吗？下面，我们从正相互作用角度探讨这一问题。

2.5.2　正相互作用

什么是易化（facilitation）或正相互作用（positive interactions）呢？关于正相互作用，实际上，早在达尔文的《物种起源》中就已认识到它的存在（Darwin，1859），尽管如此，却一直未引起生态学家的重视（Callaway，2007）。正相互作用从最初的无人问津到今天成为生态学研究的热点，经历了一百多年的发展历程，其间，生态学家逐渐意识到正相互作用在生态学理论体系中的重要意义。

1. 易化的发展历程

1914 年，Pearson 发现针叶植物种群幼苗的更新在美洲山杨（*Populus tremuloides*）冠层下要比在非冠层下的快，草本植物也是冠层下比非冠层下的长势好。在移栽实验中，Pearson 观察到类似的现象：在山杨冠层下，花旗松（*Pseudotsuga menziesii*）幼苗的成活率高。这是迄今为止第一个有关正相互作用的科学实验（Callaway，2007）。

1976 年，Atsatt 和 O′Dowd 在《Science》上发表了关于植物防御食草动物的文章。在文章中指出某种植物能否被吃取决于周围植物所释放的化学物质、形态构成、分布状况及多度组成等。

Pearson 和 Atsatt，O′Dowd 的工作对认识正相互作用是具有开创意义的（储诚进，2010），尽管他们的发现一时没有被引起重视。他们的工作被忽视可能是由“特异性”所致，也就是他们的工作局限于特定物种之间，不具有普适性。

在 Pearson 和 Atsatt，O′Dowd 之后的 20 世纪 80 年代，关于正相互作用的认识，有两项重要的工作不容忽视。

1986 年，De Angelis 等在《Positive Feedback in Natural Systems》中较为全面地探讨了正相互作用对生态系统的影响。

1988 年，Hunter 和 Aarssen 在《Plants Helping Plants》一文中指出在植物群落中易化作用是一个重要且常见的过程。

这两项工作被认为是第一个有关正相互作用的完全的概念评价（Callaway，2007）。

虽然，在 20 世纪 80 年代有关正相互作用的研究，已经逐渐引起人们的注意。而真正把正相互作用推向高潮引起生态学界广泛关注的是来自美国布朗大学（Brown University）的 Bertness 及其同事（Callaway，2007）。

Bertness 在盐沼地里开展的一系列科学实验使正相互作用的研究迅速发展（Bertness，1989；Bertness and Shumway，1993；Bertness and Callaway，1994；Bertness and Ewanchuk，2002）；还有，1997 年，Bertness 在《Ecology》上组织了一期有关正相互作用的专辑，发表了一系列有关正相互作用的最新研究成果。因此，Bertness 成为正相互作用领域的重要领航人物。这样，正相互作用的研究在生态学领域中开始活跃，有了自己的一片天地。另外，Bertness 在恰当的时刻邀请 Callaway 作为其论文的作者是他的又一个重要贡献（Callaway，2007），使 Callaway 成为紧随其后的研究正相互作用的重要人物（Callaway，1991，1995，2007；Callaway and Pennings，2000；Callaway et al.，2002；Callaway，2007）。

Callaway 把正相互作用的研究拓展到多种不同的生境，创立了正相互作用领域的全球研究网络，进而从大尺度上论证了正相互作用的重要意义，其相应研究成果于 2002 年发表在《Nature》上。这样的实验结果，有力地证明了正相互作用的普遍性，奠定了正相互作用在生态学领域中的重要地位。此后，大量研究纷纷

出现，从各种角度或生境论证了正相互作用在自然界普遍存在（普适性）。最终，在 2007 年 Callaway 出版了第一部专门介绍正相互作用的著作（Callaway，2007），在该专著中，从发展历史、研究现状、未来的方向到对当前生态学的影响，详尽地叙述了正相互作用研究的各个方面。

实际上，2003 年之前的有关正相互作用的研究，大部分实验基于证明正相互作用在自然界中确实存在，基本上属于“描述性”的（储诚进，2010）。此后，研究重点转向另外两个方面。一是，正相互作用的存在对基于竞争的主流生态学理论意味着什么。比如，2003 年，Bruno 等倡导将正相互作用系统地融入主流生态学，他们的文章在一定程度上加快了正相互作用融入生态学基本理论的步伐（储诚进，2010）。二是，胁迫梯度假说的适用范围。诸如，2005 年，通过 Meta-分析（Meta-analysis），提出了胁迫梯度假说的适用范围问题（Maestre and Cortina，2004；Maestre et al.，2005，2006）；2006 年，Lortie 和 Callaway 重新分析了 Maestre 等人使用的实验数据，驳斥了 Maestre 等人的观点（Lortie and Callaway，2006）；接下来，Maestre 等再次对数据进行分析（Maestre et al.，2006），最终坚持自己最初的结论。

正相互作用经过这些年的长足发展，引起了生态学界同仁的足够重视，有组织的大型会议也相继出现。

2006 年，由欧洲科学基金会（European science foundation，ESF）赞助，在法国波尔多大学（University of Bordeaux）召开了“Facilitation，Biodiversity，Invasibility in a Changing World”会议。来自多国对正相互作用感兴趣的科学家参加了此次会议。会后，相关的总结性成果（Facilitation in plant communities：the past，the present，and the future）在《Journal of Ecology》上发表（Brooker et al.，2008）。

2009 年，受英国生态学会（British Ecological Society）的委托，Brooker 组织了“Positive Interactions in Plant Communities”研讨会，此次会议在苏格兰阿伯丁大学（University of Aberdeen）召开。众多学者参加了这次会议，但与 2006 年在法国召开的会议相比，此次会议有一个明显的特色：在研讨会上，大部分报告人均不是科班出身。这样的安排，主要是因为如何使正相互作用理论进一步与生态学的其他研究领域相结合已是大势所趋（Brooker and Callaway 2009；Pakeman et al.，2009）。探讨“在目前基础上怎样将正相互作用理论更好地纳入传统的、主流的、以竞争为基础的生态学理论框架中？”是会议的一个重点。“怎样界定正相

互作用？当前哪些研究方向或领域能够纳入正相互作用的理论框架？”是本次会议的另一个重点。此外，特别提到“如何认识正相互作用与互惠之间的关系？”。还有，作为研究互惠进化的专家，Bronstein 又提出了如何将正相互作用和进化联系在一起，这对正相互作用而言开辟了一个全新的研究领域。会后，《Journal of Ecology》刊出了特别专辑。

2. 易化的定义

易化（facilitation，or facilitative interaction）或正相互作用（positive interactions）是相对竞争（competition）或负相互作用（negative interactions）而言的。在生态学中，严格界定一个概念非常困难（Bronstein，2009），对正相互作用同样如此。在文献中，不同学者对正相互作用存在不同的认识，诸如，Bruno 等人认为正相互作用是“至少对一方有利而对另一方无害的相互作用”（Bruno et al.，2003）；而 Callaway（2007）则坚持“只要对一方有利的”就是正相互作用；正相互作用可以在同一物种内部或者在不同物种之间发生（Bruno et al.，2003；Dickie et al.，2005；Leslie，2005；Callaway，2007）；此外，将正相互作用限定在同一营养级内，排除不同营养级之间可能发生的促进作用（Brooker et al.，2008）；还有，有关直接作用（direct interactions）与间接相互作用（indirect interactions）之分（Callaway and Pennings，2000），等等。

实际上，正相互作用是一大类相互作用类型的总称。主要有以下几种常见类型：互利共生（mutualism，mutualistic symbiosis），又称互惠共生，指两种生物生活在一起，双方都能从中获益的共生现象，如有花植物与花粉传播者之间；偏利共生（commensalism），指两种生物生活在一起，对一方有利，对另一方并无利害关系的共生现象，如附生植物；原始协作（protocooperation），指与共生类似，双方获利，区别在于原始协作是松散的，一方可以独立生存；护理效应（nurse effect），举例说明，如在干旱半干旱地区，冠层较大的植物能够为幼苗提供良好的初始生长环境，保护幼苗免受强光的照射、减少地面蒸发、保持局部土壤水分等（Callaway，2007），从而有利于幼苗的成长。

有关正相互作用的研究正在蓬勃发展，随着正相互作用研究的不断深入，期望在未来出现一个具有统一认识的可操作的权威性定义。

3. 竞争与易化的转化

竞争强调个体或物种之间的相互妨碍，而易化强调个体或者物种之间的“相互帮助”。在自然界中，植物在相互竞争的同时会“相互帮助”吗？事实确实如此（Bertness，1989；Bertness and Shumway，1993；Callaway et al.，2002；Kikvidze et al.，2005；Callaway，2007）。正是由于在胁迫环境条件下的大量实验研究激发了生态学界的浓厚兴趣，人们意识到在自然界中易化（正相互作用）和竞争（负相互作用）一样，处处存在。也就是说，在植物群落中，正相互作用与负相互作用同时存在，最终的结果取决于二者的相对强度，而这种相对强度又与群落所处的环境条件密切相关。因此产生了与竞争和易化转化有关的“胁迫梯度假说”（Bertness and Callaway，1994；Brooker and Callaway，1998；Maestre and Cortina，2004；Maestre et al.，2005；Lortie and Callaway，2006；Maestre et al.，2006）。该假说认为，随着环境胁迫的增加，正相互作用的重要性或强度增加，而负相互作用将减弱。

2.5.3　放牧胁迫下的正相互作用

在我们的研究中，选择严重退化群落（零恢复群落）、恢复 8 年群落和恢复 21 年群落，严重退化群落长期处于过度放牧状态，且围栏封育排出放牧后，放牧对群落的影响随着恢复演替时间的推移逐渐消失（王炜等，1996）。这样，严重退化群落、恢复 8 年群落和恢复 21 年群落构成了放牧胁迫梯度，严重退化群落为高放牧压力胁迫，恢复 8 年和 21 年群落构成低压力胁迫。对于种群空间格局，羊草、大针茅、米氏冰草、糙隐子草 4 个主要种群的空间格局在严重退化群落中（高放牧压力胁迫）符合嵌套双聚块模型，也就是说种群格局在大聚块中存在高密度的小聚块；而在恢复 8 年和恢复 21 年群落中（低压力胁迫）符合泊松聚块模型，即种群格局属于单一尺度的聚块，在聚块中不存在高密度的小聚块。这样的种群格局特征说明什么？如果按照竞争理论来认识严重退化群落（高胁迫）与恢复 8 年和 21 年群落（低胁迫）种群格局的变化，很难解释在严重退化群落中种群格局在大聚块中存在高密度的小聚块的现象，依据竞争原理，种群个体间的竞争使得种群聚块中不会出现高密度的小聚块。实际上，在严重退化群落中，种群格局的嵌套双聚块结构恰恰证明了群落中正相互作用的存在，种群的嵌套双聚块结构是正相互作用的结果和外在表现。在严重退化群落中，由于高强度的放牧压力，种群

个体间通过正相互作用来抵御放牧胁迫，从而实现自我保护，在空间格局上表现为嵌套双聚块结构；当严重退化群落围栏封育解除放牧后，放牧胁迫逐渐消失，群落中正相互作用逐渐减弱，竞争逐渐增强，种群格局大聚块中高密度的小聚块消失，在恢复 8 年和 21 年的群落中种群格局表现为单一尺度的聚块结构。种群空间格局的结果验证了在放牧胁迫下的胁迫梯度假说，发现在长期过度放牧引起的严重退化群落中正相互作用居主导，这是非常有意义的结果，对从理论上揭示过度放牧引起的草原退化机理具有重要价值。在第 3 章 3.4 节将从正相互作用角度详细探讨过度放牧引起的草原退化。

需要强调的是，在不同放牧胁迫梯度下，羊草、大针茅、米氏冰草、糙隐子草 4 个种群的空间格局表现出差异，而落草和双齿葱种群则没有。又该如何理解？

实际上，在以往有关正相互作用的研究中，研究者在确定目标物种时，通常倾向于能够提供正相互作用证据的物种，这种先验知识一般源于研究人员的野外观察与积累（Dormann and Brooker，2002）。在我们的研究中，选择的是严重退化群落中存在的主要种群，在确定这些目标物种时，并没有证据或以前的研究表明这些物种在放牧胁迫作用下会发生正相互作用。我们这样选择主要是验证在放牧胁迫下，是否存在植物间相互作用的转化及是否选择的物种都发生这样的转化。种群格局的研究结果表明羊草、大针茅、米氏冰草和糙隐子草 4 个优势种群在放牧胁迫梯度下明显地出现正相互作用向负相互作用的转化。而落草和双齿葱种群则没有发生此类现象。这样的结果并不令人感到惊奇，在正相互作用研究的早期，研究者会有意无意地选择能够证明正相互作用存在的物种，用来证明这种正相互作用存在的指标通常选择生物量，于是，在早期有关正相互作用的文献中，基本达到了预期的效果。而在自然界中，真的会如此吗？其实，不同物种之间存在差别，它们对外界环境变化的响应也不尽相同，也就不可能要求不同的物种对同一实验处理表现出完全相同的响应（Callaway，1998；Kikvidze et al.，2001；Eskelinen，2008；Maestre et al.，2005，2009）。一方面，在相同的外界条件下，对一些物种而言可能很适合其生存，而对另外一些物种而言可能就是胁迫，这样的结果可以理解为正相互作用的物种特异性（species-specific），即不同物种对于同一指标（或性状）在同一实验条件下可能表现出不同的响应（Callaway，1998；Kikvidze et al.，2001；Eskelinen，2008）。另一方面，我们也应该认识到，在正相互作用居主导的同一胁迫条件下，某一物种对不同的指标（或性状）可能反应不同（Kikvidze et al.，

2001；Maestre et al.，2005），这就是正相互作用的性状特异性（trait-specific）。如果我们认识到正相互作用存在物种特异性和性状特异性，就不会对某一物种通过某一指标（或性状）未检测到正相互作用而感到意外，因此也就有了正相互作用的多性状评价（Kikvidze et al.，2001；Callaway et al.，2002）及 Meta-分析（Maestre et al.，2005）。还有一点需要指出，即关于“胁迫”的认识，因为“胁迫”本身就是一个模糊不清、存在争议的概念（KÖrner，2003；Lortie et al.，2004），这同样会影响对正相互作用的认识，因此也就出现了胁迫梯度假说的适用范围（Maestre and Cortina，2004；Maestre et al.，2005，2006）及最新版本的胁迫梯度假说（Maestre et al.，2009）。在我们的研究中，落草和双齿葱种群通过种群格局未能检测出正相互作用与负相互作用的转化，可能是这些物种对胁迫的反应迟钝，即物种特异性所致；也可能是因为选择的指标不能表征它们在胁迫条件下所表现出的正相互作用；另外，还可能是在严重退化群落中放牧胁迫过高已超出这些物种发生正相互作用的范围。

参 考 文 献

储诚进，2010. 植物间正相互作用对种群动态与群落结构的影响研究[D]. 兰州：兰州大学.

王炜，刘钟龄，郝敦元，等，1996. 内蒙古草原退化群落恢复演替的研究——Ⅱ. 恢复演替时间进程的分析[J]. 植物生态学报，20(5)：460-471.

Atsatt P R, O'Dowd D, 1976. Plant defense guilds[J]. Science, 193(4247): 24-29.

Bertness M D, 1989. Intraspecific competition and facilitation in a northern acorn barnacle population[J]. Ecology, 70(1): 257-268.

Bertness M D, Callaway R M, 1994. Positive interactions in communities[J]. Trends in Ecology and Evolution, 9(5): 191-193.

Bertness M D, Ewanchuk P J, 2002. Latitudinal and climate-driven variation in the strength and nature of biological interactions in New England salt marshes[J]. Oecologia, 132(3): 392-401.

Bertness M D, Shumway S W, 1993. Competition and facilitation in marsh plants[J]. American Naturalist, 142(4): 718-724.

Bronstein J L, 2009. The evolution of facilitation and mutualism[J]. Journal of Ecology, 97(6): 1160-1170.

Brooker R W, Callaway R M, 2009. Facilitation in the conceptual melting pot[J]. Journal of Ecology, 97(6): 1117-1120.

Brooker R W, Callaghan T V, 1998. The balance between positive and negative plant interactions and its relationship to environmental gradients: A model[J]. Oikos, 81(1): 196-207.

Brooker R W, Maestre F T, Callaway R M, et al., 2008. Facilitation in plant communities: the past, the present, and the future[J]. Journal of Ecology, 96(1): 18-34.

Bruno J F, Stachowicz J J, Bertness M D, 2003. Inclusion of facilitation into ecological theory[J]. Trends in Ecology and Evolution, 18(3): 119-125.

Callaway R M, 2007. Positive interactions and interdependence in plant communities[M]. Dordrecht: Springer Netherlands.

Callaway R M, 1998. Are positive interactions species-specific[J]? Oikos, 82(1): 202-207.

Callaway R M, 1995. Positive interactions among plants[J]. Botanical Review, 61(4): 306-349.

Callaway R M, 1991. Facilitation and interference of *Quercus douglasii* on understory productivity in central California[J]. Ecology, 72(4): 1484-1499.

Callaway R M, Brooker R W, Choler P, et al., 2002. Positive interactions among alpine plants increase with stress[J]. Nature, 417(6891): 844-848.

Callaway R M, Pennings S C, 2000. Facilitation may buffer competitive effects: Indirect and diffuse interactions among salt marsh plants[J]. American Naturalist, 156(4): 416-424.

Darwin C, 1859. The origin of species by means of natural selection[M]. London: John Murray.

DeAngelis D L, Post W M, Travis C C, 1986. Positive feedback in natural systems[M]. Berlin: Springer.

Dickie L A, Schnitzer S A, Reich P B, et al., 2005. Spatially disjunct effects of co-occurring competition and facilitation[J]. Ecology Letters, 8(11): 1191-1200.

Dormann C F, Brooker R W, 2002. Facilitation and competition in the high Arctic: The importance of the experimental approach[J]. Acta Oecologica, 23(5): 297-301.

Eskelinen A, 2008. Herbivore and neighbour effects on tundra plants depend on species identity, nutrient availability and local environmental conditions[J]. Journal of Ecology, 96(1): 155-165.

Hunter A F, Aarssen L W, 1988. Plants helping plants[J]. Bio Science, 38(1): 34-40.

Kikvidze Z, Khetsuriani L, Kikodze D, et al., 2001. Facilitation and interference in subalpine meadows of the central Caucasus[J]. Journal of Vegetation Science, 12(6): 833-838.

Kikvidze Z, Pugnaire F L, Brooker R W, et al., 2005. Linking patterns and processes in alpine plant communities: A global study[J]. Ecology, 86(6): 1395-1400.

KÖrner C, 2003. Limitation and stress-always or never[J]? Journal of Vegetation Science, 14(2) 141-143.

Leslie H M, 2005. Positive intraspecific effects negative effects in high-density barnacle aggregations[J]. Ecology, 86(10): 2716-2725.

Lortie C J, Brooker R W, Kikvidze Z, et al., 2004. The value of stress and limitation in an imperfect world: A reply to KÖrner[J]. Journal of Vegetation Science, 15(4): 577-580.

Lortie C J, Callaway R M, 2006. Re-analysis of meta-analysis: Support for the stress-gradient hypothesis[J]. Journal of Ecology, 94(1): 7-16.

Maestre F T, Callaway R M, Valladares F, et al., 2009. Refining the stress-gradient hypothesis for competition and facilitation in plant communities[J]. Journal of Ecology, 97(2): 199-205.

Maestre F T, Cortina J, 2004. Do positive interactions increase with abiotic stress? A test from a semi-arid steppe[J]. Proceedings of the Royal Society of London-Biological Sciences, 271(5): S331-S333.

Maestre F T, Valladares F, Reynolds J F, 2006. The stress-gradient hypothesis does not fit all relationships between plant-plant interactions and abiotic stress: Further insights from arid environments[J]. Journal of Ecology, 94(1): 17-22.

Maestre F T, Valladares F, Reynolds J F, 2005. Is the change of plant-plant interactions with abiotic stress predictable? A meta-analysis of field results in arid environments[J]. Journal of Ecology, 93(4): 748-757.

Pakeman R J, Pugnaire F L, Michalet R, et al., 2009. Is the cask of facilitation ready for bottling? A symposium on the connectivity and future directions of positive plant interactions[J]. Biology Letters, 5(5): 577-579.

Plotkin J B, Chave J, Ashton P S, 2002. Cluster analysis of spatial patterns in Malaysian tree species[J]. American Naturalist, 160(5): 629-644.

Stoyan D, Stoyan H, 1996. Estimating pair correlation functions of planar cluster processes[J]. Biometrical Journal, 38(3): 259-271.

Wiegand T, Moloney K A, 2004. Ring, circles, and null-models for point pattern analysis in ecology[J]. Oikos, 104(2): 209-229.

第 3 章　放牧干扰下草原群落退化的机理探讨

3.1　放牧干扰下退化草原群落的基本特征

羊草+大针茅草原是蒙古高原典型草原地带广泛分布的地带性草原植物群落（中国科学院内蒙古宁夏综合考察队，1985），具有优良的生产性能。因此，对它的利用强度较大，发生退化的面积也较广。进入 20 世纪 90 年代，锡林郭勒草原的退化已十分严重。在现有的经营模式下，草原的退化趋势仍难以遏止。为了寻求防治草原退化的有效途径，需要首先对退化草原的性质与群落特征有充分了解。本部分内容以草原退化群落（冷蒿为优势植物的群落）恢复演替的动态监测资料为依据，从群落生境与资源、植物种类组成、群落空间结构、生产性能和恢复演替动力等方面探讨退化草原的基本特征。

3.1.1　实验样地与监测方法

实验在内蒙古锡林郭勒盟典型草原地带中国科学院草原生态系统定位研究站设置的围栏样地上进行。样地的地理坐标为 N43°38'，E116°42'，海拔 1 187 m。该地区属温带大陆性半干旱气候，冬季寒冷干燥，夏季温暖湿润。年平均气温 0.18 ℃；最冷月（1 月）平均气温为−21.6 ℃，最热月（7 月）平均气温为 18.2 ℃；无霜期平均 91 d。平均年降水量 349.6 mm，降水集中于 6～8 月，累积为 229.9 mm，占全年降水量的 65.8%。年均净水面蒸发量 1 641.5 mm，蒸发量较大的月份为 5、6 月，分别达 292.3 mm 和 272.5 mm。年均日照时数 2 533 h，大于 0℃的积温平均为 2 428.7 ℃，大于 10℃的多年平均积温为 1 983.3 ℃。具有冬寒夏温的中温带气候特征。值得注意的气候特点是 5、6 月份干热风频繁，是全年蒸发量最大的两个月。因此，5～6 月常常是制约植物生长的干旱期。

实验样地设于白音锡勒牧场益和乌拉分场的锡林河二级阶地与丘陵坡麓之间，地势微倾斜，地表较平整。土壤为典型栗钙土，具备显域地境的基本条件。

本项研究的草原植被是羊草+大针茅草原群落的退化变型。这一草原地段在

20 世纪 60 年代中期以前一直保持较少扰动与轻度放牧的原生状态（姜恕，1988），到 1983 年实施围栏封育时已因过度放牧退化成冷蒿为主要优势种的群落变型。实验样地于 1983 年 5 月用网围栏封育，总面积 26.6 hm^2。样地中的群落外貌比较均匀一致，封育后停止放牧利用。从 1983 年 6 月开始进行恢复演替的监测工作。每年 5 月 15 日～9 月 15 日，每隔 15 天测定一次，共 9 次。用 1 m × 1 m 的样方测定群落中各种群的营养体高度、生殖苗高度、密度、生殖枝数。用称重法与烘干法测定地上现存生物量。1983～1988 年每次测定 10 个样方，1989 年以来考虑到群落空间异质性增强对取样的影响，改为 20 个样方。样方设置采用机械排列取样法，均以 30 cm 的间隔设置一列样方，每一列样方距上次和下次测定的样方均间隔 1 m。

在植物种群密度的计数中，有些植物种的个体难以分辨，所以采用因种而异的方法，例如羊草按地上枝的数目计算，大针茅等按植丛数目计算，但同一种植物的计数方法是一致的，使同种植物种群密度的变化具有可比性。

3.1.2　退化群落资源状况的分析

群落资源是指该群落所占据的空间范围内植物生存所必需的水分、养分状况等。

1. 水分状况

水分状况常在植物水分生态类型的组合中反映出来。通常，在相对湿润的条件下，中生性植物所占比例较大；相反，生境越趋干旱，旱生植物的比例越大。本节所研究的群落包含 4 种水分生态类型，即旱生、中旱生、旱中生和中生类型（中国科学院内蒙古宁夏综合考察队，1985）。在恢复演替过程中，群落内不同水分生态类型植物地上现存量的动态见图 3-1，可以看出，旱生、中旱生植物在群落中占优势，多年生中生植物的比例很小。但是中生性一、二年生植物在退化群落恢复演替初期所占比例较大，至第 6 年以后变得很少。表明退化群落因生物生产力低，多年生植物未能充分利用水资源。然而大气降水并未因群落退化而明显减少。退化群落的多年生植物未充分利用的水分成为过剩的水资源，保证了一、二年生植物在停止放牧的条件下率先得以大量生长。因为一、二年生植物结实量大，种子繁殖能力强，可抢先利用过剩的水资源，占领退化群落的生存空间。

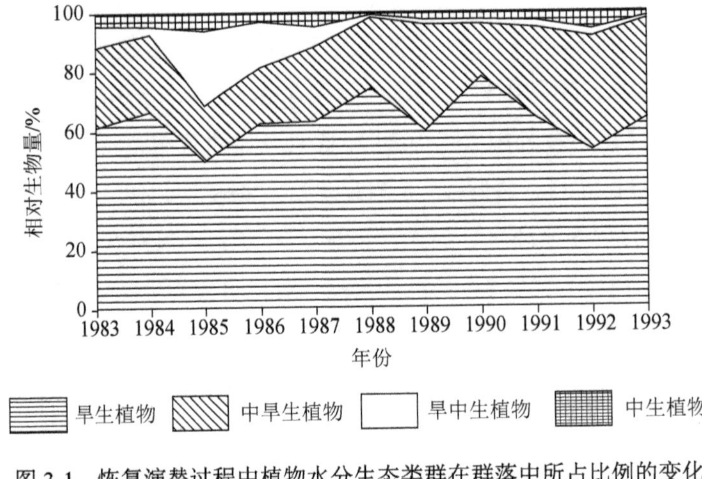

图 3-1　恢复演替过程中植物水分生态类群在群落中所占比例的变化

2. *矿质养分状况*

根据本实验样地内土壤养分（表 3-1）的测定资料（何婕平等，1994），可以看出退化群落的土壤养分含量未表现出明显减少。

退化群落的生产力与经过 11 年恢复演替的群落相比，仅为其 1/3。可见，退化群落对土壤养分的利用也不充分。

水分和 N、P 等养分资源是制约草原群落生产力的限制性因子，显然这些过剩的资源是退化群落恢复演替的物质基础。当草原退化为冷蒿群落时，土壤肥力并不立即显著下降，说明了土壤退化大大滞后于植被退化。这种滞后是草原放牧退化后资源过剩的原因。

表 3-1　退化群落及恢复中的群落土壤养分含量

样地	有机质/%	全氮/%	全磷/%	硝态氮/（mg/100g）	铵态氮/（mg/100g）	速效磷/（mg/100g）
恢复中的群落	1.747 8	0.149 1	0.115 5	0.439 3	0.156 9	0.186 3
未恢复的退化群落	1.516 3	0.122 4	0.107 6	0.446 9	0.205 6	0.182 0
翻耕处理后恢复	1.260 4	0.124 8	0.096 4	0.323 1	0.113 5	0.186 1
补播羊草的群落	1.140 6	0.131 9	0.120 8	0.525 0	0.129 7	0.186 1
耙地处理后恢复	1.837 1	0.159 4	0.112 1	0.401 8	0.216 3	0.174 1

3.1.3　退化群落的种-生物量关系及资源分配格局

群落的种-生物量关系是以资源分配状况为基础的群落结构特征。各植物种群占有的资源可以间接地从它的相对生物量反映出来，并且表现出群落成员型的属性。

以种序为横坐标，以各种群相对于未退化群落现存生物量的相对生物量绘制成种-生物量关系图（图 3-2），其中，未退化群落的生物量是 1992 年 8 月 15 日在围栏保护 12 年的羊草+大针茅原生群落中所测定的数据。退化群落的生物量是 1983 年 8 月 30 日测定的结果，以冷蒿为主要优势种。经过 11 年的封育，恢复中的群落是 1993 年 8 月 30 日测定的生物量，以羊草为优势种，大针茅、米氏冰草为次优势种。退化群落所用数据是 10 个样方的平均值，已恢复 11 年的群落和未退化群落均为 20 个样方的平均值。依据图 3-2，我们可以得出如下认识：

1）退化群落与恢复中的群落绝大多数种群的相对生物量均小于未退化群落在相同种序上的值，退化群落尤为明显，反映出未能充分利用群落资源。

退化群落与未退化群落的种-生物量关系均符合对数正态分布模式（Preston，1948）。这是地带性植物群落的特征，植物种利用群落资源的状况取决于该种在多维生态空间中取得竞争优势的诸多因素，所以生物量很大和很小的种，都很少，二者之间的种却较多，这种组织形式是稳定群落的特征（Minshall et al.，1985；Giller，1984；May，1981；May，1975；Whittaker，1970）。因而可以认为退化群落是稳定于一定牧压强度的特定群落状态，牧压强度不变，群落状态也不变。我们的实验样地在 1983 年围栏封育时，围栏内外本无差异，至今，围栏外的退化草原既未进一步退化，也无恢复的迹象，仍保持着 1983 年围封时的冷蒿群落状态，原因就在于牧压强度的相对稳定。而围栏内已封育恢复到羊草群落，可见退化群落一旦消除牧压，就会打破这种稳态，而被驱入恢复演替的进程中。

2）恢复中的群落资源分配格局表现为分割线段模式（断棍分布模式）（MacArthur，1957）。其相关的理论是随机生态位假说，认为这种群落结构的物种生态位就是该种在资源线上分割的一段，因此，各个种的生态位不重叠。在群落恢复演替进程中，一些正在增长的植物种群多聚生形成斑块，而种群斑块是种间竞争的有效组织形式，有如“战阵”的作用。斑块占据了一定的空间资源，其外缘是种间竞争的界面，斑块内部的个体则减缓了直接竞争，从草原植物种群的聚块规

模来看，斑块边缘的个体（植株）往往少于其内部，从而表现出生态位不重叠的假象。断棍分布模式的群落组织形式是各种群以占据空间的方式割据资源，这种组织形式是不稳定的。因为单一或少数种群不能充分利用它所割据的空间资源。但是，以斑块为单位的种间相互渗透与以个体为单位的种间作用相比，其作用过程需要更长的时间，所以聚块结构又有延缓和停滞恢复演替的作用形成演替中的“亚稳态”。

恢复中的群落断棍分布模式在时间上介于两个对数正态分布模式之间，可将两种模式间的递变与群落演替过程联系起来，说明群落的种群格局演变也是群落演替过程的表现。

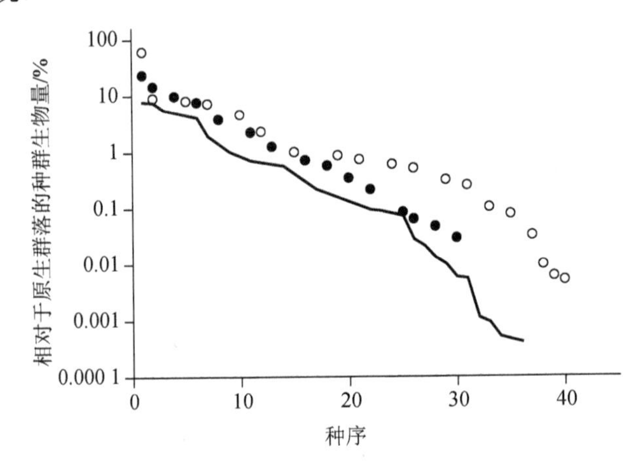

图 3-2　退化群落、恢复 11 年的群落和未退化群落的种-生物量关系

3.1.4　退化群落的物种丰富度

1983～1993 年的定位监测所做的 1 281 个样方共记录到种子植物 68 种，每一年的样方所记录的种数波动在 35～53 种，1983 年共记录了 45 种，1993 年记录了 44 种，在记录的 68 种植物中，有 30 种在每年的样方中均有出现，是连续 11 年的恒有成分；还有 20 种植物在 11 年的恢复演替过程中出现频率较高；其余 18 种也是退化群落与原生群落共有的偶见成分。可见在 11 年的恢复演替进程中，没发现迁出种及侵入种，群落的物种丰富度是比较一致的。但是群落优势种，亚优势种的种群数量却有显著变化。1983 年的退化群落中，冷蒿是主要优势种，糙隐子

草是亚优势种，1989 年以后，冷蒿数量逐渐减少，现已成为次要成分。羊草、大针茅、米氏冰草在 1983 年的群落中属于次要成分，到 1989 年以后逐渐增长为优势和次优势成分。据此，可以看出放牧扰动尚未改变群落的种类组成，只是引起一些种群的数量消长。也表明了放牧退化草原的恢复演替不同于次生裸地的次生演替。不仅演替起点不同，演替轨迹也各异，在当地观察到草原垦殖多年以后又停耕的弃耕地，从次生裸地为起点并未演替到以冷蒿为主要优势种的群落，也不会遵循退化草原恢复演替的轨迹运行。

从每年生长季每次测定所登记的种数来看，7、8 月测定可以登记较多种数。因为在生长季早期（5、6 月）有一些种尚未萌动。生长季晚期（9 月）部分种群已进入休眠或已死亡。生长季早期出现频率很低的种有野韭（*Allium ramosum*）、扁蓿豆（*Melilotoides ruthenica*）、木地肤（*Kochia prostrata*）以及一、二年生植物；休眠较早的种有渐狭早熟禾（*Poa attenuata*）、二色补血草（*Limonium bicolor*）、细裂白头翁（*Pulsatilla tenuiloba*）、钝叶瓦松（*Orostachys malacophyla*）、瓦松（*Orostachys fimbriata*）等，建议一次性草原调查的取样工作在 7、8 月内进行。

3.1.5　退化群落的空间匀质性

群落匀质性是指群落的各个种群在空间分布上的均匀程度，如果在很小的测定面积上就可获取全部物种，则表明种群的空间匀质性较高；否则，至少有部分种群的分布是聚集的，使群落匀质性较低。据此，将获得最大累计种数的最小面积称为表现面积（*RA*），将此最大累计种数称为表现种数（*RSN*），则可定义单位表现面积上的表现种数为群落的空间匀质性指数（*SHI*），即 $SHI = RSN/RA$。群落匀质性指数的生态学含义是在可比较的群落范围中表述每增加一测定面积单位，能获取的平均新增种数。

在恢复演替过程中群落空间匀质性指数动态见表 3-2。可以看出 1983 年群落的严重退化阶段 *SHI* 最大，为 0.88；随着封育恢复，1984～1988 年下降到 0.46～0.67；1989 年以后下降到 0.28～0.37；表明群落的空间匀质性随恢复演替而呈下降趋势。

表 3-2　恢复演替过程中群落空间匀质性指数动态

年份	表现种数	表现面积	空间匀质性指数
1983	45	51	0.88
1984	40	60	0.67
1985	37	60	0.62
1986	41	80	0.51
1987	37	80	0.46
1988	35	60	0.58
1989	44	120	0.37
1990	41	120	0.34
1991	51	180	0.28
1992	44	140	0.31
1993	44	160	0.28

以冷蒿为主要优势种的严重退化群落具有较高的空间匀质性。推断其原因是：植物群落承受的放牧压力在空间分布上是均匀的；植物种群的聚块分布是种间竞争的有利结构，但也有引诱家畜集中采食的效果，故群落匀质化是适应强度放牧的效应。牧压使植物种群死亡率增高，也使斑块难以形成。

恢复演替是在停止放牧或减轻牧压的条件下发生的，因为削除了导致匀质化的条件，所以使群落向异质化发展。依据退化群落恢复演替过程中资源分配格局的动态，可以推断，随着恢复演替的再进展，又可能趋向匀质化，其群落的生态外貌将是多数种群的斑块消融。

3.1.6　退化群落的生产力评价

草原作为一项可更新自然资源，其可用性评价的标准为群落的生物产量丰度指标和群落中的牧草饲用品质。用这两项指标可对草原生产性能进行评价。

1. 退化群落的生物产量降低

未退化的羊草+大针茅草原在条件很好的年份，地上现存量可超过 300 g/m^2，条件很差的年份可下降到不足 200 g/m^2，平均为 250 g/m^2 左右。退化群落恢复 8 年以后生产力已接近未退化群落，1990～1993 年年平均生产力为 224 g/m^2，而退化群落的 1983 年测值仅达到 74 g/m^2，分别是未退化群落的 30%和恢复群落的 33%。

2. 退化群落的草群饲用品质变劣

适口性差、嗜食率低的植物在群落中占据了较大比例。在夏季家畜不喜食的冷蒿、变蒿（*Artemisia commutata*）占群落地上现存量的 38%；利用价值较低的糙隐子草占 12%，小叶锦鸡儿（*Caragana microphylla*）占 4%，而饲用品质较好的羊草、大针茅和米氏冰草仅占 15%。以冷蒿为主要优势种的退化群落中至少有 50%的地上生物量是由家畜不喜食、不可食或难以采食的植物组成。这些植物在恢复 11 年之后，下降到占群落的 21%（1993 年 8 月测定），而在未退化群落中仅占 2%（1992 年 8 月 15 日测定）。当草原退化成冷蒿群落时，其生产性能约为未退化群落的 16.7%（1/3×50%≈16.7%）。

3. 退化群落处于可利用性很低的相对稳定状态

退化草原继续放牧利用，可维持在当前利用强度下退化群落的相对稳定状态。当然，减轻放牧利用强度，群落的恢复使退化草原的可用性增强。在退化草原上放牧，家畜的采食强度与恢复进程处于动态平衡，群落保持相对稳态。1983 年 8 月测定时，占群落 15%的优良饲用植物也是当年封育后恢复的生产力。

3.1.7　讨论

1. 退化群落恢复演替驱动力

退化群落恢复演替，是以较快的速度进行群落的重新组织，其根本原因是植物种群具有拓殖能力和退化群落资源过剩。拓殖能力是植物的本能，过剩资源则是退化草原群落恢复演替的物质条件。所谓的过剩资源是指退化群落未充分利用的土壤养分与水分等环境资源。草原顶极群落一般能够充分利用群落所占据的资源，如果存在过剩资源就将有新的成员加入（Giller，1984）或使某些种群增长。退化草原群落一旦去除牧压，过剩资源便发挥作用，种群的拓殖能力便驱动群落向顶极群落的方向演替。退化群落中的过剩资源保证许多植物种群以较快速度增长，从而推进群落的恢复演替，构成了恢复演替驱动力，这也是退化群落自我调控、自我恢复的弹性机制。

恢复驱动力的作用还不仅存在于牧压消除之后，一定强度的牧压与恢复驱动力成为一对矛盾，群落恢复演替正是抵御牧压，并抑制群落进一步退化的因素。当牧压导致的退化与恢复演替驱动力相平衡时，群落处于相对稳定的状态。

退化群落中恢复驱动力的存在可以有效地驱动恢复演替的开始，因此，为改良退化草原而采取的农业措施常常效果并不十分显著。如果把这些措施用于一段时间的自然恢复之后，效果可能更好。

2. 对退化草原群落性质与特征的认识

1）内蒙古高原典型草原地带的羊草草原及大针茅草原在连续多年的强度放牧压力下均可退化演替到冷蒿群落，这是典型草原的主要演替模式。但是这一退化群落与原生群落间的植物种类组成尚未发生明显差别，在退化与恢复过程中没有侵入种与迁出种，只是主要种群的作用地位发生了显著变化。原生群落的羊草、大针茅、米氏冰草等由优势植物退化为稀见植物；冷蒿、变蒿、糙隐子草成为优势成分。在恢复演替过程中，两者又发生了相反的变化。

2）退化群落空间匀质性程度较高，它的匀质性指数随着恢复演替进程而下降，较多种群呈聚块分布，进一步向成熟群落恢复演替，又趋向于匀质化。退化群落的匀质性也是强度放牧的结果。

3）放牧退化群落可成为“动物性演替顶极”（Zootic Climax）。因牧压强度不同，退化演替可形成轻度退化、中度退化和强度退化的阶段，各自稳定于一定的放牧强度。而且在空间上也可形成退化程度不同的分布序列。

4）退化群落的资源过剩与植物种群的拓殖能力是推进群落恢复演替的驱动力。放牧压力与群落恢复驱动力的平衡使退化群落成为相对稳定的群落状态。

5）种-生物量关系所反映的群落资源分配格局表明了退化群落的恢复演替是由资源过剩的对数正态模式经分割线段模式向充分利用资源的对数正态模式过渡的过程。

6）生产力的大幅度下降是退化草原的显著特征。冷蒿退化群落的生产力相当于原生群落的 1/5，这是群落对过度放牧的负反馈。

总之，退化草原是一个以低能量水平进行自我调控、自我维持的草原生态系统，具有一定的稳定性特征。

3.2　放牧干扰下退化草原群落恢复演替进程分析

1806 年 John Adlun 首次使用“演替”一词（熊文愈和骆林川，1989），1916 年 Clements 创立演替及其顶极学说以来，演替问题已成为生态学领域中长盛不衰的研究课题。演替是研究群落及其诸多生态因子演变形式的重要领域。近些年来，随着多学科的渗入使得有关演替机理的探讨更加活跃。但是，在我国草原演替的领域中，基础数据的积累却显得不足。至今，很少有人将一个连续多年的自然演替过程翔实地记录下来。本节研究仅对中国北方典型草原地带的羊草+大针茅草原群落因过度放牧演替形成的退化变型——冷蒿群落在停止放牧的自然条件下恢复演替的进程做了连续的监测，并进行了初步分析与描述，希望有助于对典型草原退化群落恢复演替的深入认识。

本部分内容所描述的恢复演替是在停止放牧后，由稳定于特定牧压强度的退化群落向适应于所处生境的顶极状态演进的时间进程。广泛的人为活动影响，使理想的大面积顶极群落在自然界难以找到，但演替顶极是可以认识和测度的。一个长期稳定于地带性生境，很少受人为活动干扰的群落片段（例如我们定位站所设置的羊草+大针茅草原样地），其群落特征值可以作为顶极群落构成演替的参照系。与此对照，本项研究虽然经历了 12 年的恢复演替，但仍未完全达到顶极状态，恢复演替还在进行。目前，羊草、大针茅、米氏冰草已成为主要优势种，群落的生产力水平已接近于未退化的群落，但群落中植物种群的空间分布格局与其应占的比例等群落组织形式还将进一步自我调整。因此，本节着重讨论恢复演替开始以来变化最显著的优势种群消长及群落生产力动态。

研究地区以及实验样地与监测方法已在本章 3.1 节中做了详细描述。

3.2.1　恢复演替阶段与优势种的更替

草原植物群落的结构与外貌通常以优势种和种类组成为特征，因此，优势种的更替可成为群落演替阶段的标志。本文衡量和判别优势种的指标是种群的地上现存生物量。因为植物种群的高度、密度、盖度、频度等数量指标均与生物量之间存在函数关系，所以，依据种群生物量指标即可反映恢复演替过程中优势种的更替。据此可将 11 年的恢复演替进程划分成 4 个阶段（图 3-3）。

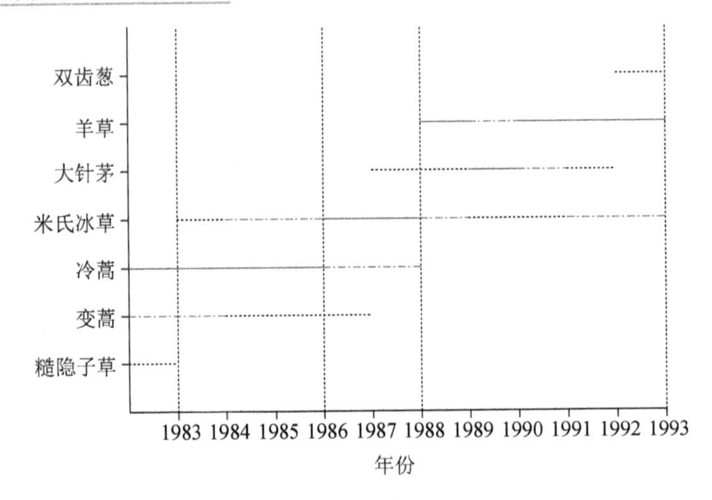

图 3-3 退化群落恢复演替过程中主要优势植物的更替

1. 冷蒿优势阶段（退化群落变型）

是以冷蒿、变蒿和糙隐子草为优势种所组成的退化群落，是恢复演替的起点。这一阶段群落的特征已在本章第 3.1 节中做过描述。冷蒿的优势作用突出，所以群落在生长季呈灰绿色。小叶锦鸡儿植丛构成暗绿色镶嵌分布的小灌木层片。群落中植株矮小，1983 年 8 月 30 日当群落达到当年最大地上现存生物量时，3 个主要优势种的平均高度分别为冷蒿 16.0 cm、变蒿 16.7 cm 和糙隐子草 12.3 cm；小叶锦鸡儿的平均高度仅 18.5 cm。冷蒿的平均单株干重仅 0.25 g/株，与 1990 年 9 月 1 日达到的 0.99 g/株以及 1993 年 8 月 14 日的 0.72 g/株相比显然是非常矮小的。因此，群落中地表裸露度较大。也因营养生长受抑制，各种群的生殖生长也不强，故季相变化不显著。总之，这一退化群落是适应于一定牧压在较低能量水平上自我维持的群落。

2. 冷蒿+米氏冰草阶段

从 1984 年到 1986 年，冷蒿仍是最主要的优势种，米氏冰草从 1984 年取代了糙隐子草的优势地位，1985 年又超过变蒿，成为仅次于冷蒿的优势种。这个阶段，各种群有过剩资源的保证可迅速拓殖，生长季内最高地上现存生物量从 1983 年的 74.13 g/m^2 迅速增大到 1984 年的 161.6 g/m^2，并大体停滞在这个水平。多数种群的高度增大，单株生物量也逐渐增高。表明过剩资源已开始转化为群落生产力。

种间的相互作用也随拓殖而发生，下层的糙隐子草已处于衰退状态；冷蒿、变蒿因具有大量的营养体，在争夺过剩资源的过程中仍处在优势地位；但这一阶段也是一、二年生植物大量发生的唯一时期，1985 年达 51.14 g/m^2，1986 年以后逐年减少，乃至在群落中仅占生物量的 1%左右。在恢复演替初始阶段，冷蒿、米氏冰草、变蒿等优势种群对群落资源的利用是不充分的。但随着植株增大，覆盖度增高，裸露度降低，地表蒸发减弱使拓殖能力很强的先锋性一、二年生植物种群大量发生具有物质基础。

3. 米氏冰草优势阶段

米氏冰草在前一阶段的基础上进一步发展，于 1987 年成为群落中生物量最大的种群。羊草正处在缓慢增长的过程中，大针茅也开始成为优势成分。冷蒿、变蒿种群趋于衰退，一、二年生杂草也大大减少，群落中种群地位的更替以渐变方式实现。优势种的更替反映出群落资源已开始被重新分配，表明恢复演替从上一阶段以争夺过剩资源为主，转变成以重新分配资源为主的过程。在此阶段，群落生产力水平未表现出明显提高，对资源的利用仍不完全。米氏冰草、冷蒿均有形成聚块分布的趋势，使一些种群开始以斑块的形式割据资源空间，不同种群斑块间的反差造成很不均一的群落外貌。优势种缺乏华丽花色，双齿葱为主的葱属植物可在 7 月份形成开花季相。

4. 羊草优势阶段

从 1989 年开始，羊草一跃成为群落的建群种，大针茅、米氏冰草也保持着优势地位，冷蒿、变蒿以及糙隐子草在群落中所占比例很小，并趋于稳定。伴随羊草种群的崛起，群落生产力水平得以跃升，群落年最大现存生物量开始沿 224 g/m^2 的水平上下波动。至此，群落已可以充分利用前述几个阶段尚未完全利用的过剩资源，但资源的重新分配尚未完成，群落结构的种群斑块化仍在加剧。由于一定规模的种群聚块有助于稳固地割据资源空间，种间关系形成一种相峙的局面，种间竞争显得不十分激烈。随着羊草、大针茅已在群落中占优势地位，植丛高度、密度增大，死地被物的积累已开始变得明显。季相变化也已表现出来，但不像未退化群落那样色彩斑斓。

预测群落演替还在持续进行，但生产力的大幅度提高已不大可能。因此更进一步的演替将从以下两方面有所表现：第一，群落中较多种群的地位将有调整，目前已观察到西伯利亚羽茅（*Achnatherum sibiricum*）、麻花头（*Serratula centauroides*）、

沙参属（*Adenophora*）等植物种群有增长趋势，米氏冰草、双齿葱的数量将有下降；第二，各植物种群的空间分布格局将会有变化，种群斑块割据的势态将被打破，群落空间结构的均匀化过程可能在近几年开始。

3.2.2 恢复演替过程中群落生产力的变化轨迹

退化群落在恢复演替过程中生产力水平变化的轨迹见图 3-4，生产力主要通过每年生长季的群落地上最大现存量来衡量。

1. 恢复演替过程中群落生产力的阶梯式跃变与亚稳态阶面

图 3-4 所反映的群落生产力变化轨迹表明从退化群落阶段的最大地上现存生物量 73.1 g/m^2 提高到平均 224.3 g/m^2 共经历过 2 次跃变和 3 个阶面：第 1 个阶面是 1983 年的群落生物量，反映了放牧退化群落的生产力水平。第 1 次跃变发生于 1984 年，群落生物量从 73.1 g/m^2 提高到 161.6 g/m^2，上升到第 2 个阶面，恢复中的退化群落在这个阶面上停滞了 5 年（1984～1988 年），其生物产量维持在 161.6～171.9 g/m^2。1989～1990 年发生了第 2 次生产力跃变，使群落进入第 3 阶面，其生物产量在 224.3 g/m^2 的平均值上下波动，并已持续 4 年（1990～1993 年），接近于未退化群落的生产力水平（250 g/m^2）。

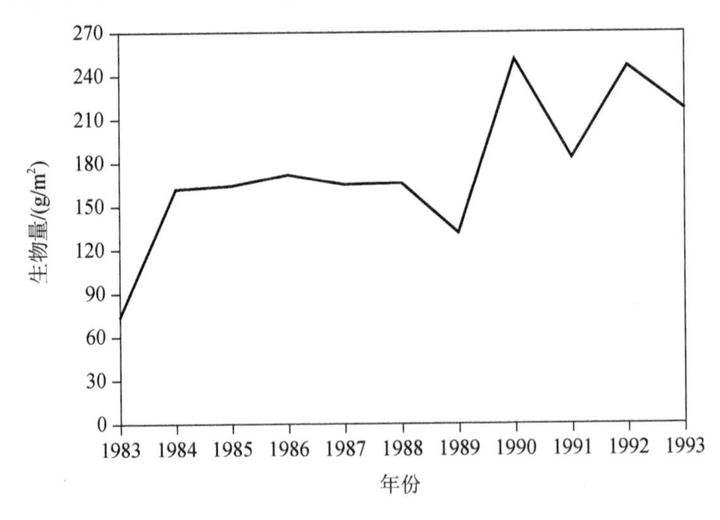

图 3-4 退化群落在恢复演替过程中群落在生长季达到的最大地上生物量动态

依据图 3-4，可以把两次生产力跃变后阶面上的群落动态视为演替过程中的亚稳态，即在两个阶面的时段内，群落生产力的年度变化相对较小，随着恢复演替

过程中主要种群的更替形成了两个阶面的群落亚稳态。

2. 恢复演替过程中群落生产力跃变及出现亚稳态的原因

生产力跃变与形成亚稳态的内在原因在于群落中植物种群拓殖率的变化，特别是优势种群的更替。

第一次生产力跃变是退化群落解除牧压后各植物种群利用群落中过剩的资源迅速拓殖的结果，是种群的简单增长。第一个亚稳态的形成是在群落恢复演替初始阶段及米氏冰草优势阶段，这时冷蒿、米氏冰草和变蒿 3 个种群的生物量平均占群落总生物量的 42.75 %。这 3 个种群在放牧压力下植株矮小，不是高产植物，所以群落生产力限制在第一个亚稳态的水平上。

第二次生产力跃变是羊草、大针茅等比较高大的植物成为优势种。连同非优势种群生物量均迅速增大，使群落生产力发生了明显的跃升，达到 224.3 g/m^2 的产量平均值，进入第二个亚稳态阶面。第二个亚稳态与第一个相比，群落生产力的年际波动性明显增强，这种波动性与气候的年际波动相关。与此相对照的羊草+大针茅草原未退化群落生产力动态监测数据表明了群落地上生物量的全年最高值在 250 g/m^2 的水平上下波动。可见，恢复演替的第二个亚稳态阶段，生产力水平已接近于未退化群落。由于恢复中的群落内诸多种群聚块分布的空间异质性构成了种群对资源空间分割占据的态势，而斑块内部，只有少数植物种共存，使资源利用尚不充分，所以群落生产力尚低于结构较均匀的未退化群落。斑块是种间竞争的“阵地”，它将竞争场所推至斑块边缘，斑块内部个体死亡后的空隙仍为同种个体所拓殖。因此种群斑块是具有相对稳固性但未能充分利用资源的群落组织单元，所以形成了恢复演替过程中的这一亚稳态。

经过上述分析，我们确认恢复演替过程中生产力的提高是以跃变和亚稳态相交替的形式实现的。

3.2.3　恢复演替过程中群落生产力与水资源量的关系

水分是草原群落生产力的制约因子。地带性典型草原植物群落获得水资源的唯一途径是大气降水。把每年生长季（从 5 月 1 日开始到群落达到最大地上现存量时）的降水量与当年的群落最大地上现存生物量列表（表 3-3）。再讨论降水量对退化群落的恢复演替以及亚稳态和生产力跃变的意义。

表 3-3　恢复演替过程中群落生物量与降水的动态

测定时间（年-月-日）	直接有效降水/mm	群落地上现存生物量/（g/m^2）	比值/（mm/g）
1983-08-30	188.7	74.13	2.55
1984-07-25	175.5	161.60	1.09
1985-08-15	237.3	164.20	1.45
1986-08-29	275.0	171.92	1.60
1987-08-30	221.7	164.92	1.34
1988-08-29	247.6	166.01	1.49
1989-07-30	158.6	131.54	1.20
1990-09-01	401.2	250.90	1.60
1991-09-01	256.0	182.99	1.40
1992-08-04	303.8	246.39	1.23
1993-08-14	243.8	217.01	1.12

注：比值 = 直接有效降水/群落地上现存生物量。

将生长季降水量与群落地上现存生物量的比值作为衡量植物群落利用水资源效率的指标虽然是不够精确的，但对于群落演替时间序列上动态过程的研究则具有可用性。

分析表 3-3，可以看出群落中水资源的丰欠未成为制约群落恢复演替过程中优势种更替的直接因子。

1. 退化群落（冷蒿优势）阶段（1983 年）的分析

从表 3-3 中可以看出 1983 年的退化群落干物质生产用水量达 2.55 mm/g，而 1984 年仅为 1.09 mm/g，可见退化群落中的水资源是过剩的。表 3-3 中干物质生产用水量的最小值是 1.09 mm/g，故群落利用水资源最有效的值约定为 1.10 mm/g。按此值衡量，1983 年的退化群落生产 74.13 g/m^2 干物质仅需 81.5 mm 的降水量。退化群落在过度放牧压力下，植物生长繁殖受抑制，降水量增大也不能使群落生物量显著增加。因此退化群落阶段的生产力首先受牧压的制约，而与增高降水量的相关性不明显。

2. 第一个亚稳态时期（1984～1988年）的分析

在此时期生长季降水量的极差为99.5 mm，群落生物量的极差仅10.32 g/m^2；1988年与1993年的生长季降水量非常接近，但群落生物量差值却达51 g/m^{2}之多。从而可以大体确定这一时期群落生物量在生长季降水量大于175 mm的条件下，通常处于166 g/m^2（±3.82）水平。降水量再增大，群落生物量的变化也不显著。这一时期的群落生物量主要取决于群落优势种群的生产能力及资源利用规模。即使降水量很大，冷蒿、米氏冰草、变蒿等优势种群在放牧压力下也不能充分占用。因为这些优势种的植株较矮小，耐旱性较强，生物累积效率较低，耗水较少，所以水资源过剩的现象在这一时期依然存在，是进一步演替的物质基础。总之，这一时期的群落生物量与较大的降水量相关性也不显著。依本节所推算的干物质生产最小用水量（1.10 mm/g）来衡量，这一时期的平均群落生物量（166 g/m^2）只需降水约183 mm。从1985年到1988年的生长季降水量都大于需要量。

3. 第二个亚稳态时期（1989～1993年）的分析

这一时期群落生物量与降水量具有明显的相关关系。生长季降水量较少时，随着降水增加，群落生物量也有较大幅度的提高；当生长季降水量很高时（如大于300 mm），群落生物量的提高趋于缓慢。1989年降水量158.6 mm，群落的干物质生产用水量为1.20 mm/g，略大于我们推算的1.10 mm/g。1993年的降水量为243.8 mm，水资源的利用效率最高。1990年降水达401.2 mm，生物量可达到250.9 g/m^2。如果生长期内降水量再大于400 mm，可能使群落生物量增高又趋于停滞。因此推断这一亚稳态时期的生长季降水量与群落生物量间的关系为一钟形曲线，中值约为400 mm，驻点在此形成，群落生物量在驻点处约为250 g/m^2。从1990年以后，群落干物质生产用水量逐年变小，反映出群落对水资源的利用效率逐年提高，朝着更适应于群落生境条件的方向演替。

综上所述，群落生产力跃变与亚稳态的形成是恢复演替自身的规律，并非完全与降水量保持必然联系。

3.2.4　恢复演替过程中群落密度的变化与演替的节奏性

尽管演替的资源比率理论（Resource ratio hypothesis）在论证空间亚分离（Spatial subdivision）时只强调了成熟个体占据的面积为一个位点（Site），而不考虑其生活型（Tilman，1994），但是植株计数方法因种而异，故群落密度在种群更替的恢复演替过程中显得不具有可比性。为了取得可比性数据，对种群密度进行标准化处理，即将各种群按地上现存生物量折合为相当于羊草密度的单位，可称为羊草单位。因此标准化群落密度 SCD 为

$$SCD=\sum_{i=1}^{n}\frac{d_1}{w_1}w_i \quad (i=1,2,\cdots,n)$$

式中，d_1——羊草的密度；

w_1——羊草地上生物量干重；

w_i——种 i 的地上生物量干重；

n——种数。

因 d_1、w_1 和 w_i 为同一测定时间取得的数据，故标准化群落密度不同于群落生物量比较。图 3-5 与图 3-6 反映了这种标准化密度与实测密度在恢复演替过程中的动态变化。图中的指标均为多年生植物密度及其标准化值。一、二年生植物种群在种间竞争中属于先锋性植物，不具稳定优势，故未予统计。

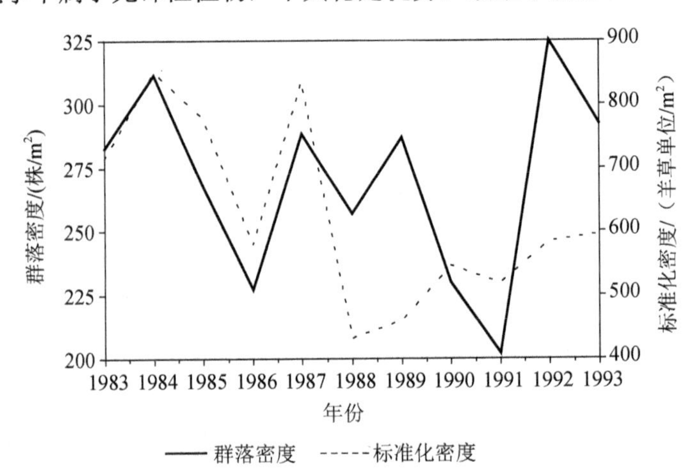

图 3-5　群落密度及其标准化指标在恢复演替中的变化

1. 实测群落密度所反映的种群结构与位点特征

在恢复演替过程中实测的群落密度大体上沿着 11 年平均值 271.5 株（丛、枝）/m^2 直线上下波动（图 3-5），当密度超过这一平均值时，群落发生拥挤，从而导致某些种群自疏；低于这一平均值则因资源空间有余，使群落趋于加密，而每一植物着生的位置是一个位点（Site），群落平均密度值构成了位点常数。在恢复演替过

程中，随着种群的更替，植物个体分布的空间格局也发生变化，例如相邻个体的间距、基丛的大小等变化也反映了种间竞争的关系。

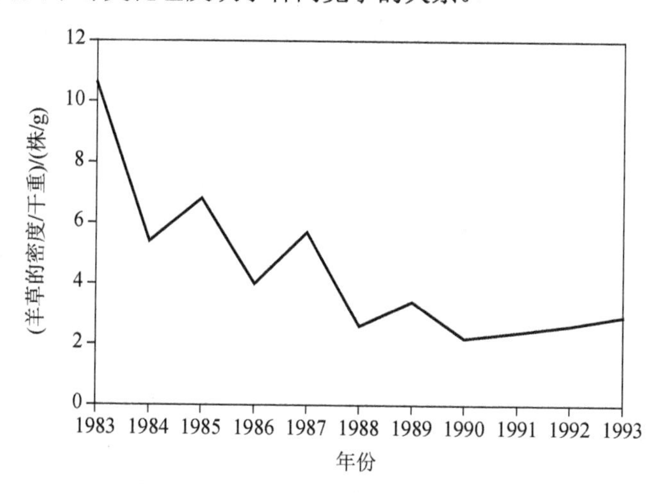

图 3-6 恢复演替过程中羊草种群的密度/干重值的变化

种间竞争是群落演替的内在原因（Tilman，1994），并且以争夺资源空间的形式表现出来。每一种群的根系和枝叶系统因生物学特性的差异，在土壤-大气界面处所占据的范围也不同，反映了种群占据资源空间的能力。种群间相互作用发生于邻体之间，故植株常维持一定的距离，从而使群落中植株着生位点数有一常数，保证植株生长的资源空间。因此根据位点常数对实测的群落密度可以作比较分析。

2. 恢复演替的节奏性规律

图 3-5 显示的恢复演替过程中群落密度有波动性的规律，先后出现了 3 个低谷年，即 1986 年、1988 年和 1991 年，低谷年的第二年总出现主要优势种的更替。由图 3-3 可以看出，1987 年米氏冰草取代冷蒿成为优势种；1989 年羊草取代了米氏冰草的优势地位；1992 年羊草的地上生物量增大近一倍，确立了建群种的地位。可见，在群落密度的低谷年，资源空间未被植物充分占用，次年，各植物种群的拓殖率增高使群落密度随之加大，以至越来越拥挤，因而使种间竞争愈加激烈，种群拓殖率又趋于下降，个体死亡率增高，群落密度减低和资源空间有余，又出现新的低谷年。使拓殖能力强、繁殖体数量大的种群得以迅速增殖，在群落中占据优势地位。如此周期性地呈现密集拥挤—自然稀疏—密集拥挤—自然稀疏……的交替和优势种的更替，使群落演替表现出节奏性的特点。

恢复演替的节奏性变化中，首次出现的拥挤现象是在去除放牧压力后各种群争夺过剩资源而大量繁殖的高峰期中形成的同生群。随后，群落密度的每一次增高与优势种群拓殖高峰是一致的。群落的拥挤使邻体间的竞争加剧，从而加速竞争劣势植物的死亡和竞争优势种的拓殖。因此，节奏性拥挤与自疏使种群死亡率与拓殖率变大，所以群落从恢复演替开始（1983）到羊草成为主要优势种（1989年）经过 6 年即完成 3 个优势种的更替。其次，恢复演替过程中群落生产力的波动也有节奏性规律。例如，1991 年的群落生物量低于 1993 年的对应值，但 1991 年的生长季降水量却比 1993 年多，其原因是该生长季正处于群落自然稀疏状态。总之，节奏性的密度变化与种群更替是群落恢复演替的机制。

3. 恢复演替的速度

根据以上的分析，在群落恢复演替过程中，种群的消长与更替已经出现了 3 个优势种的替代；群落生产力具有跃变与亚稳态相间的变化规律；群落密度也是节奏性波动。因此，恢复演替不是均匀等速的变化。本文采用以半变（half-change）为单位的 β 多样性指标来测度恢复演替过程中不同年份间群落的生态距离（表 3-4）。群落内部结合值（LA=0.90）与端点间样本相似性测算采用 Bray-Curtis（1957）指数；所用的数据是群落中各种群的生物量。

表 3-4 所显示的结果表明恢复演替过程中群落生态距离的时间变化也非均速。如果以 1992 年与 1983 年两端点处的生态距离来平均，则恢复演替过程中每年的演替速度仅 0.178 个半变。

表 3-4　退化群落恢复演替过程中群落 β 多样性的变化（生态距离）　　单位：半变

恢复演替起始时间/年	恢复演替时间/年									
	1984	1985	1986	1987	1988	1989	1990	1991	1992	1993
1983	0.73	0.72	0.69	0.83	0.80	1.02	1.66	1.49	1.78	1.53

表 3-4 中的半变数据与恢复演替的节奏性规律具有一致性。表明群落优势种或大量拓殖种的植株在群落拥挤化时迅速变化，而在群落稀疏化时部分新生植株死亡，使群落变化出现一定量的下降。显然 β 多样性测度支持恢复演替的节奏性规律。

能够影响群落中主要植物种群死亡率和拓殖率的措施都可能加速恢复演替进

程。例如可杀死冷蒿、变蒿等双子叶植物的特异性除草剂2，4-D以及有计划的火烧均有可能提早完成恢复演替初始阶段（李政海等，1994）。松土、灌溉、施肥也会促进群落恢复进程。

3.2.5　结论

退化草原的恢复演替是从适应于特定牧压的、在低能量水平上自我维持的生态系统向适应于自然生境的、在高能量水平上自我调控的生态系统过渡的自组织过程。生产力的年度动态可勾划出恢复演替的轨迹。

羊草+大针茅草原因过度放牧而形成的以冷蒿为主要优势种的退化群落变型在恢复演替过程中，依据主要优势种变化的分析，可划分为4个演替阶段。优势种更替中的竞争优势序列：羊草>大针茅>米氏冰草>冷蒿>变蒿>糙隐子草。

恢复演替过程中群落生产力的变化轨迹表现出阶梯式跃变与亚稳态阶面相间的特点。其中两次明显的生产力跃变发生于1984年和1990年，前者是由于停止放牧，后者是高大禾草取代了低矮草类的优势地位所致。两个亚稳态阶面的形成与群落优势种的生产能力有关。

恢复演替过程中群落生产力与水资源量的关系因演替阶段的不同而不同，在退化群落变型阶段，限制群落生产力提高的主要因素是过度放牧，水资源量的增大对群落生产力的影响不显著。在恢复演替的第一亚稳态时期，生长季降水量在大于176 mm的情况下再增加水量对群落生产力的提高也无明显作用，群落生物量通常维持在166 g/m^{2}的水平上。在羊草优势阶段，即第二亚稳态时期，群落生物量与降水量间的相关关系显著。

依据群落生物量与生长季降水量的关系，群落干物质生产用水量的最小值约为1.1 mm/g，此时植物群落对水资源的利用率最高，随着群落生产力的提高，干物质生产用水量增大。目前已取得的干物质生产用水量最大值为1.6 mm/g。

退化群落恢复演替中植株的密度在演替过程中表现出拥挤与稀疏相交替的有节奏运动，这是退化草原的恢复演替过程中种间相互作用的机制。草原群落的位点常数值约为每平方米271.5个植株单位，群落的拥挤与稀疏过程沿此常数波动。恢复演替中，群落生产力可由冷蒿、米氏冰草等优势植物所反映，拥挤与稀疏过

程对群落生产力也发生明显影响。

用生态距离描述恢复演替的速度，11 年来群落发生了 1.78 个半变，恢复演替中物种丰富度无明显变化。此外，恢复演替中各生长季与 1983 年群落的生态距离也表现出较大变化与滞后的交替现象，在时间上与演替的节奏性规律相一致。

根据恢复演替的节奏性规律可以探索加快恢复演替的途径。根据实验，有计划、有节制、有防范的火烧，可抑制冷蒿、变蒿等地上芽植物，是促进种群更替的有效措施。

3.3　放牧干扰下草原群落退化与恢复演替过程中的植物个体行为分析

植物群落演替过程中植物个体的行为特征已有较多学者从不同角度进行了研究。自 20 世纪 70 年代初开始，不少研究工作从植物群落演替中的植物个体取代过程去探索群落演替的机理。其中“中度干扰理论”的林窗模型（Connell and Statyer，1977）是有代表性的实例。林窗模型以抽彩式竞争（Competitive lottery）现象为依据。从竞争有序导出资源比率学说的演替模型（Tilman，1994）。将竞争有序的原因归于植物生活史策略，则形成生活史对策演替学说（Grime，1979，1988，1997；Whittaker and Goodman，1979；Macmahon，1980）。可见 20 世纪 70 年代以来问世的演替理论均以个体取代行为作为重要依据。另一种认识是从演替的结果判定与演替相关的植物性状差异，如退化草原群落中植株矮化、稀疏化、植物旱生化等（李继侗，1986；李博，1984）。本节试图将放牧干扰下的退化草原群落在恢复演替过程中，植物个体性状变化与演替机理的探讨结合在一起，揭示植物个体行为在演替中的作用。

3.3.1　研究对象与方法

与本节有关的测定方法和群落类型详细参见本章 3.1 节。

典型意义上的植物个体对某些植物种而言常难以区分，因此本节所讨论的植物“个体”因植物种类不同而分别以株、丛、枝为单位划分。其中羊草以地上枝为单位；冷蒿以植丛为单位，有匍匐枝相连者作为同一个体；大针茅、糙隐子草、落草和双齿葱均以植丛为单位；米氏冰草具长根茎和短根茎，有近丛生的植丛和单枝生长的地上枝，测定时均作为“个体”单位；变蒿则以株为个体单位。

3.3.2　退化草原植物的个体小型化现象

1．植物节间长度和植丛高度的变化

植株节间长度通常决定植株的高度。如表 3-5 所示数据表明草原群落在退化状态下节间明显缩短。表 3-6 则表明退化群落中植物高度降低。在所列植物中仅大针茅的高度差异较小，因为该种营养枝的节间本来就很短，通常由叶决定草丛高度。

表 3-5　在不同群落状态下植物节间长度和叶片大小的差异

个体性状	羊草			米氏冰草		
	已恢复群落/cm	退化群落/cm	比值	已恢复群落/cm	退化群落/cm	比值
叶下枝	3.04	1.39	0.46*	2.92	0.87	0.30*
第一节间长	1.77	0.62	0.35*	3.77	0.45	0.12*
第二节间长	1.66	0.51	0.31*	3.43	0.62	0.18*
第三节间长	1.38	0.58	0.42*	2.29.	0.40	0.17*
第四节间长	—	—	—	1.85	0.40	0.22*
株高	15.95	9.09	0.57*	18.17	5.35	0.29*
第一叶长	12.93	6.31	0.49*	8.73	5.60	0.64*
第二叶长	15.61	7.63	0.49*	8.73	5.60	0.64*
第三叶长	15.15	9.70	0.64*	9.43	6.40	0.68*
第四叶长	15.43	10.56	0.68*	9.97	6.72	0.67*
第五叶长	—	—	—	11.91	5.17	0.43*
叶宽	0.37	0.35	0.95**	0.27	0.25	0.93**

* 表示显著水平为 0.99；**表示显著水平为 0.95；比值=退化群落种群节间长度（叶片长、宽）/恢复群落种群节间长度（叶片长、宽）。

表 3-6　不同群落状态下种群高度的差异

物种	状态		比值
	已恢复群落/cm	退化群落/cm	
大针茅	28.80	24.72	0.86*
双齿葱	18.17	7.78	0.43*
冷蒿	15.48	3.01	0.19*
扁蓿豆	17.18	5.28	0.31*
阿尔泰狗娃花	18.31	3.95	0.22*
菊叶萎陵菜	10.72	3.82	0.36*

* 表示显著水平为 0.99；比值=退化群落不同物种高度/已恢复群落不同物种高度。

2. 植物叶的变化

长期过牧导致植物叶片长度明显变小（在 0.99 置信区间内差异显著），而对叶片宽度的影响较小（在 0.95 置信区间内差异显著），见表 3-5。

在过牧作用下植物节间缩短、叶片变小及因此引发的植丛收缩现象我们称之为“个体小型化现象”。这种小型化现象是过牧的必然结果，还是偶发事件；是由生长季气候波动所致，抑或是演替行为，则需通过动态监测来验证。

3. 退化演替中植物根系分布的变化

植物种群根系分布是否与其地上部分的小型化存在内在联系？回答是肯定的。表 3-7 的数据可以充分证实这一事实，与未退化群落相比，放牧引起的退化群落植物根系向表层集中。因此，个体小型化还应包含根系分布浅层化的特征。

表 3-7　不同群落状态下主要植物种群的根系分布　　单位：g/m^2

深度/cm	羊草		米氏冰草	
	退化群落	未退化群落	退化群落	未退化群落
根茎	55.52	56.64	12.00	5.98
0～10	38.56	41.28	27.68	11.68
10～20	17.60	22.58	15.04	12.32
20～30	11.68	21.60	7.35	7.26
30～40	9.12	10.40	6.88	4.15
40～50	7.36	6.88	1.94	2.34
50～70	8.64	14.24	3.82	7.69
70～90	4.16	5.60	—	3.92

长期过度放牧的退化草原群落中，植物个体表现出植株变矮，节间缩短，叶片变小，变窄，植丛缩小，枝叶硬挺，根系分布浅层化等性状，将这些性状的集合称为退化群落中植物个体的小型化现象，个体小型化的时间过程称为小型化过程。相应地把个体小型化的逆过程，即植物个体在消除扰动作用后向正常大小演变的过程称为个体正常化过程。事实上小型化过程与退化演替过程，正常化过程与恢复演替过程在时间上是一致的，前者分别是后者的个体行为表现。由于演替这一术语所描述的对象是群落，在此对这些个体行为另行定义，以避免混淆。

3.3.3　退化草原恢复演替过程中植物个体性状分析

尽管个体小型化现象是植物个体诸多性状的集合，但稍加分析就会发现单株

生物量的大幅度下降是个体小型化的集中表现。此外，植株高度是既可反映群落外貌，又体现个体大小的定量指标。故以这两个指标在退化群落恢复演替过程中的变化轨迹为依据，讨论小型化与正常化过程，探讨其生态学内涵。

1. 恢复演替过程中植物高度的变化

在恢复演替过程中，地上生物量占群落地上总生物量90%以上的8种植物，其植株高度变化见图3-7。这些变化轨迹表明：在恢复演替过程中植株高度渐趋正常。小型化个体（1983年的高度值）与正常化植株的高度作比较，可以确定当群落退化到冷蒿为主要优势种时，植株高度普遍下降。用两者的高度值可以算出：小型化个体的高度与正常植株高度相比下降了约30%～80%，其中羊草为48.06%，米氏冰草为42.16%，大针茅为33.37%，冷蒿为31.60%，双齿葱为79.39%，糙隐子草为50.68%，落草为38.59%，变蒿为61.32%。

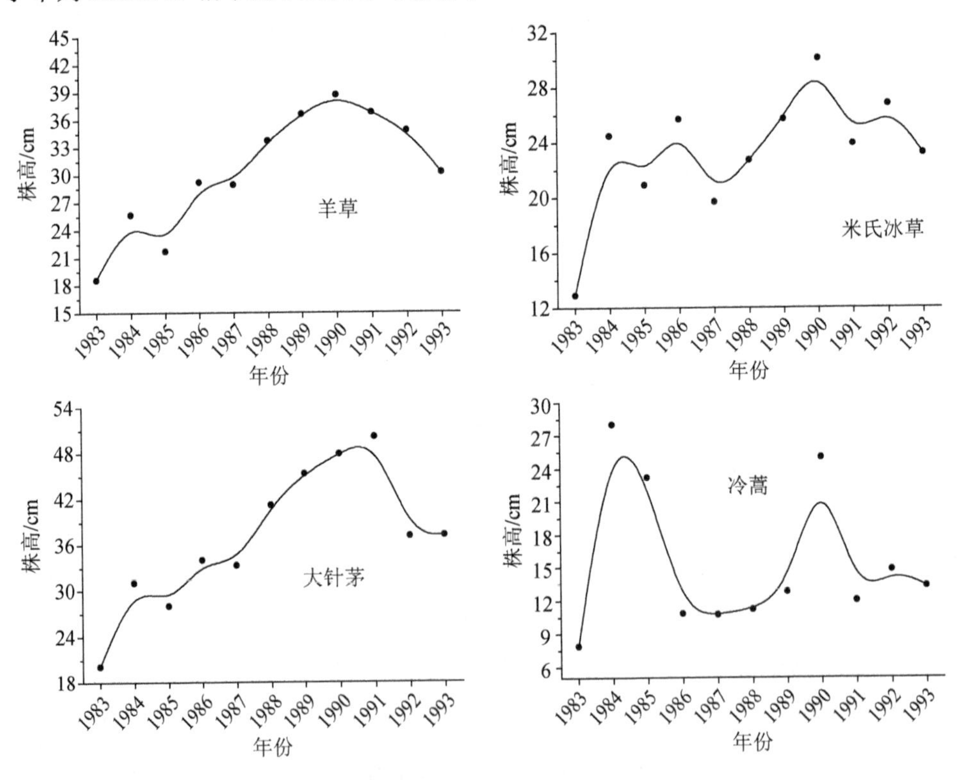

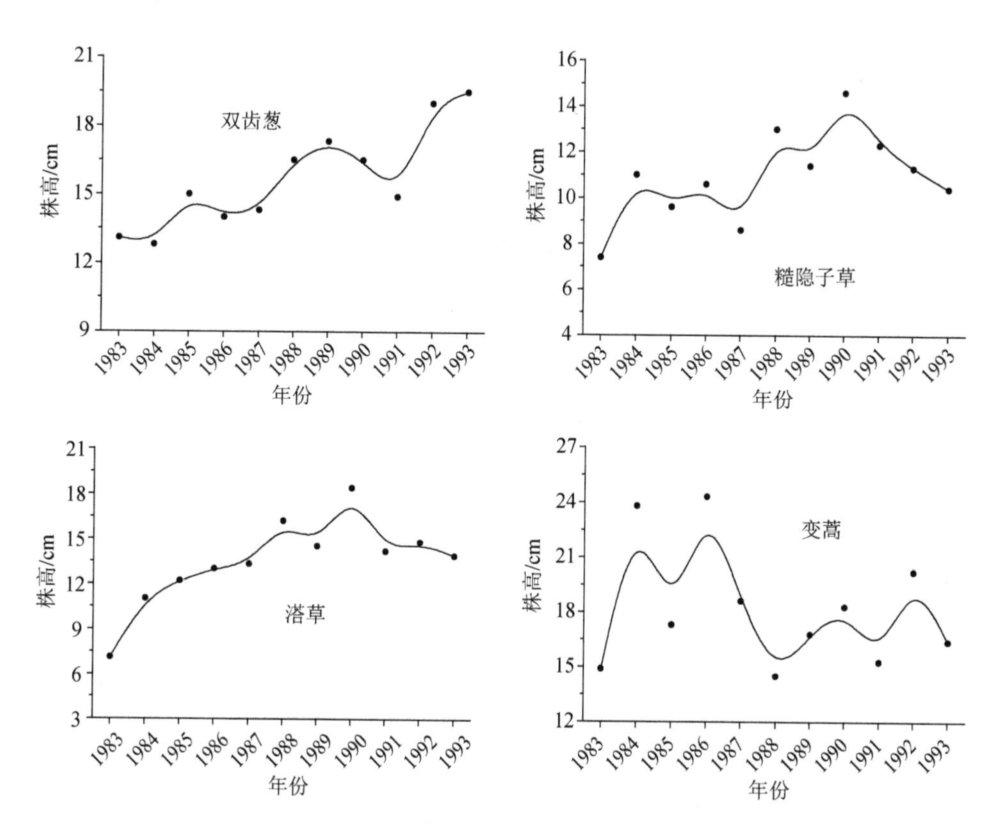

图 3-7 退化草原群落中 8 个主要植物种群在恢复演替过程中植株高度变化趋势

2. 恢复演替过程中植物个体生物量的变化

图 3-8 表示群落中 8 种主要植物在恢复演替中个体地上生物量的动态轨迹。可以看出：长期过度放牧的退化草原群落中，植物单株生物量明显地反映出植物个体小型化现象。比较 1983 年退化群落状态下的个体生物量与个体生物量达到最大种群地上生物量时的个体生物量峰值，可以算出小型化个体与正常植株的比值为羊草 21.8%，大针茅 11.4%，米氏冰草 6.9%，冷蒿 8.4%，糙隐子草 36.5%，变蒿 20.5%，落草 6.2%，双齿葱 24.4%。

与植株高度动态相比，单株生物量是小型化个体的诸多性状的集中表现。而植株高度所反映的只是高度变矮、节间缩短等部分性状。

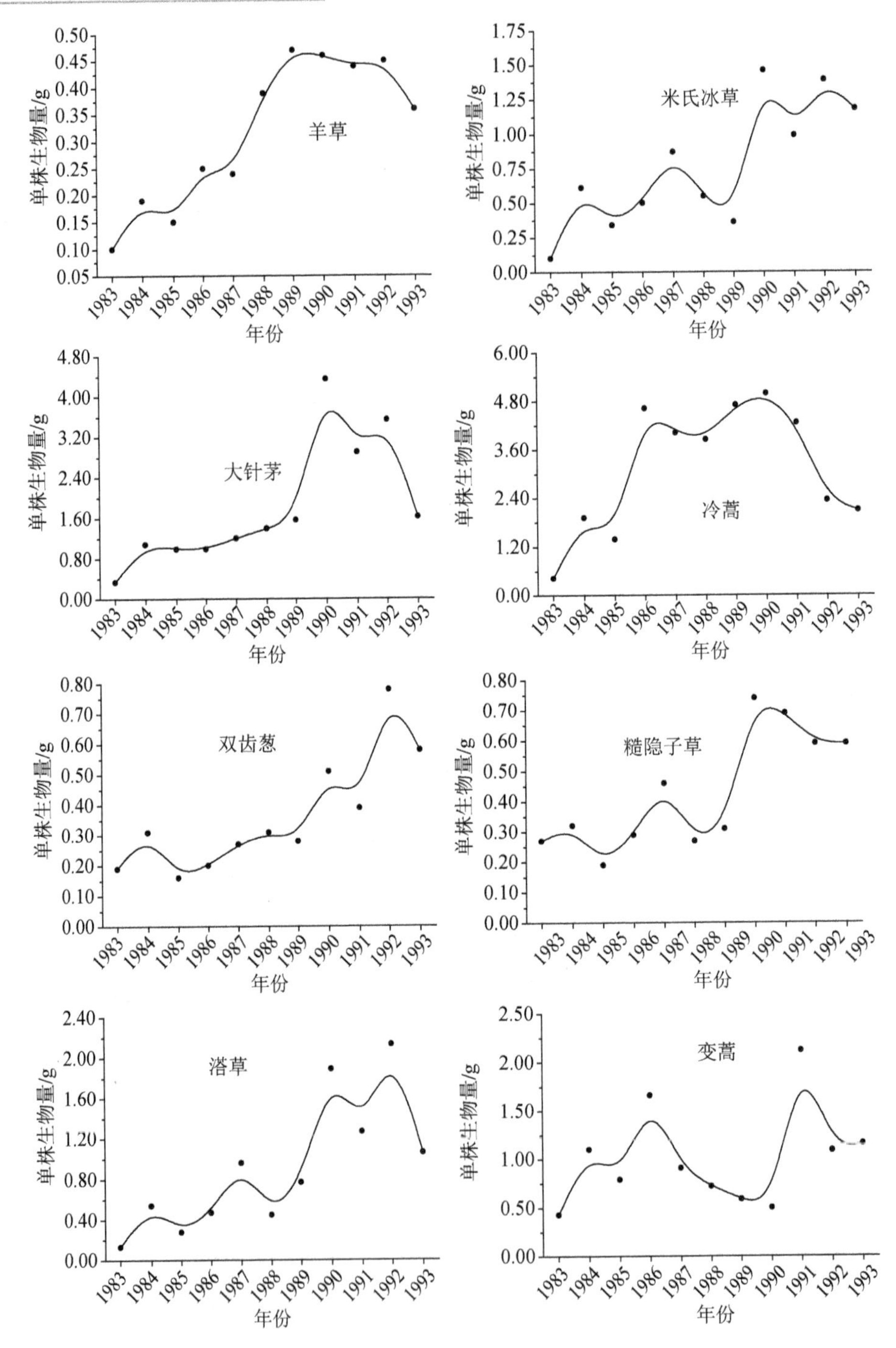

图 3-8　退化草原群落中 8 个主要植物种群在恢复演替过程中个体地上生物量的动态轨迹

3.3.4　个体小型化及其逆过程的特点分析

1. 个体小型化是各植物种群在退化过程中的集体行为

从图 3-7 和图 3-8 中均可观察到：个体小型化现象不仅在家畜喜食的植物种群中有所反映，同样也发生于家畜喜食程度较差的种群中（如冷蒿、变蒿等）。因此，将这种在过度放牧等扰动作用下各植物种群表现的具有一致性特点的行为称为集体行为。个体正常化过程也表现出集体行为的特点。

2. 个体正常化是一个时间过程

个体正常化过程未表现出受年降水量、气温、蒸发量等气候因子波动的显著影响，显示出只与恢复演替时间有关的性质。并由此可以确定：个体小型化与正常化分别是退化与恢复演替过程中植物的行为，而不是气候波动的产物。

3. 小型化个体具有保守性

小型化个体未因停止扰动而立即恢复成正常个体。如图 3-7 和图 3-8 所示，大多数种的正常化过程历时 7～8 年（1983～1990）。这就表现为一种保守的生态习性。这种保守性在大针茅与双齿葱的正常化过程中表现得最明显：这两个植物种在 1989 年以前的单株生物量增加不显著，到 1990 年才突然增加 1 倍以上。变蒿也表现出这种特点。其他一些植物则以“徘徊试探”方式表现出这种保守性，例如米氏冰草、糙隐子草和落草的正常化过程显示出 2～3 年为一周期的节奏性，在低值时接近于小型化个体。羊草的个体正常化过程存在两年为一周期的节奏性，表现为渐变方式完成正常化过程。冷蒿与其他植物不同，其个体正常化过程中表现为单株生物量先增加后减少，原因是 1990 年以前，其他植物的正常化过程尚未完成，冷蒿多以匍匐枝生长进行营养繁殖，所以匍匐枝连接的个体较大且重。1990 年以后，冷蒿在群落演替过程中趋于衰退，许多植株因分割、死亡而使个体变小，因而使单株生物量下降。

目前已知个体小型化的保守性与各植物种群根系分布的浅层化相联系，在种群层次上以“演替的作用域扩展”形式完成其逆转过程（王炜等，1999）。

4. 个体正常化过程具有阶段性和基本同步性

用单株生物量描述的个体正常化过程中，明显地表现出阶段性特点：1983 年为严重退化状态下的个体小型化阶段；1984 年各种群出现了第一次个体正常化增长，可作为正常化的第一阶段；1986～1987 年多数种群的个体生物量形成第二个峰值，作为正常化第二阶段；1990 年以来各植物种群均达到正常大小，进入正常阶段。依据个体正常化过程中单株生物量峰值形成的时间所划分的阶段在各植物种群中的表现是一致的，这不仅提供了阶段划分的依据，还指明各种植物的正常化过程具有同步性，同时也是对个体正常化过程这一集体行为的进一步描述。

在探索草原退化群落生产力恢复的阶段性及其制约因子时，可进一步从个体层次上讨论生产力恢复的亚稳态现象及其形成机理。个体小型化过程亦存在阶段性特点，并与群落退化演替过程中生产力退化程度的差异相联系，形成退化的空间与时间序列。

5. 个体正常化的突变性

从小型化个体转变为正常个体，通常也包含“突变”的形式。例如，羊草的地上枝从 1987 年的 0.186 g 突变到 1988 年的 0.387 g，个体增重 1 倍多；大针茅每丛从 1989 年的 1.56 g 增加到 1990 年的 3.81 g，增重超过 1 倍；糙隐子草每丛从 1989 年的 0.27 g 增加到次年的 0.74 g，也已超过 1 倍，其他种群也都存在这种突变性（图 3-8），经此突变增重后植物成为正常个体。这种突变性不仅为生产力跃变现象（王炜等，1996b）提供个体层次上的支持，也为窥视恢复演替中群落自组织机理见到一些端倪，即个体正常化的突变性与耗散结构理论的对称性破缺，多定态跃迁现象的内在联系可作进一步探索。

3.3.5 小型化植物的生态属性

长期过度放牧是形成小型化个体的原因。植物个体大小是由其本身的遗传特性所决定的，环境条件具有修饰作用。小型化植物具有保守性，但不具遗传性，且稳定于一定的放牧强度，即放牧强度不变，个体小型化现象也将稳定持续。这与通常意义上的环境修饰又有所区别，因为由环境条件所修饰的个体大小缺乏保守性。例如，因土壤贫瘠而形成矮小个体会因施肥而很快长大，由此可以确定小

型化植物既不同于生态型，也不同于环境修饰的植物形态。其稳定性不像生态型，但比环境饰变更稳定，似乎介于二者之间。因而，将这种在扰动作用下形成的，具有保守性的小型化植物称为“扰动响应型”，并将其生态属性定为亚生态型或超环境饰变型。称小型化植物为“扰动响应型”，是因为确信个体小型化是植物抵御家畜采食的防卫策略。植物个体越小，家畜每次能够从植物个体上啃食带走的生物量就越小，而植物个体得以存活的机会就越多。小型化个体的枝叶硬挺反映了体内含有较多木质素、硅细胞等，这些组织、植化成分均有降低家畜适口性的作用。从而认为个体小型化是草原植物普遍的（因为是集体行为）有效防卫策略。

3.3.6　个体小型化与正常化机理的探讨

目前尚缺少足够的直接证据揭示个体小型化的机理，但是已知放牧压力是个体小型化的导因，依据生态学、生物学知识，寻求个体小型化与正常化特点的假说性解释应有助于认识其机理，也可为相关学科研究提供线索。

放牧退化群落中植物根系分布的浅层化现象已有讨论（王炜等，1999），这也是个体小型化的重要特征。在过度放牧条件下，每一植株因家畜过量采食其枝叶，都必然损失较多光合面积而影响个体的光合生产。持续的过度放牧，使个体维持根系正常生长的光合产物也相应地减少，这种“饥饿”状态使根系生长不良，分布范围缩小。随着根系的萎缩，难以输送足够的水分和矿质养分给地上部分，又影响了地上枝叶的生长。周而复始，植株只能在较低的能量代谢水平上自我维持，其维持的形态可能是所讨论的个体小型化现象。

这种对于根系分布浅层化现象及其效应的解释虽然符合植物学常识，但它难以解释以下现象：①无论家畜是否喜食，各种群都在退化过程中蹈入小型化过程，这与放牧过程的家畜选择性取食相悖，难以解释个体小型化的集体行为特点；②在群落退化过程中无论增长种还是衰退种均已小型化，其绝对量和相对量都增大而成为退化群落中优势种的植物，一方面处于“饥饿”状态，另一方面又大量拓殖；③如果对个体小型化机理的上述解释可以成立，各种群的个体正常化过程当为渐变方式，即逐渐积累光合产物并逐渐完成正常化过程，然而这与正常化过程中的突变性特点不一致；④营养不良的植物常表现出缺绿及柔弱等病态，而小型化个体无病态特征。因此，个体小型化的“饥饿”机理认识是不完备的，当谋

求更确切的解释。

放牧对草原群落的作用除家畜采食外，践踏作用也不容忽视。家畜长期践踏使土壤表层形成难以透气、透水的紧实层（贾树海等，1997a，1997b），使植物根系生长受抑制而导致个体小型化。这种认识可以解释个体小型化的集体行为特点。然而土壤紧实层的疏松过程不是停止践踏一定时间后突然完成的，这就难以解释个体正常化过程中的突变特点。此外，土壤紧实层的透气性、透水性不良是否足以抑制植物根系的生长也有待实验确定。以上两种对个体小型化机理的讨论具有一定的互补性，但都有不足之处。这两种认识的结合可以解释像羊草那样以渐变方式完成正常化过程的特点。

还可以设想：当放牧强度达到某一阈值时，触发的植物个体小型化过程是抵御超强放牧压力的优化适应和有效防卫对策，此时植物可能释放出某种化学物质，成为植物采取防卫措施的化学信息。获取化学信息的植物采取的防卫对策就是通过调整生长方式而实现个体小型化。如果这种化学信息的释放在停止放牧后仍能持续若干年，则在这段时间内植物仍将以小型化方式生长。只有当某种因素使化学信息的释放停止，植物才生长成正常大小。这种化学信息作用可以解释个体小型化与正常化过程中出现的各种特征性现象。如果这种解释成立，可推测大针茅那样的突发正常化过程可能对这种化学信息非常敏感，而羊草则不很敏感。化学信息的浓度变化与正常化的阶段性可能有关等。这种设想当然必须进行充分的实验才能取得证据。但值得注意的是，大量的研究工作已证实了生物化学物质的广泛存在及其种类、生态生理功能的多样性（Harborne，1982；Thompson，1987；Bryant et al.，1991；Mihaliak and Lincoln，1989）。所以从化学生态学角度研究演替具有重要意义。

无论个体小型化过程的机理是什么，作为其逆过程的个体正常化的机理一定与之对应。但是，个体正常化的过程与停止放牧后的群落拥挤过程相联系，停止放牧后群落的过剩资源保证了种群拓殖，从而造成个体间的拥挤。随着拥挤的加剧，植物所面对的胁迫已从防御家畜啃食转移到种间相互作用上来。种间相互作用是通过个体占据资源空间而实现的，因而引发了个体的增大这一正常化过程。

3.3.7 个体小型化的群落效应

1. 个体小型化是从个体水平上认识退化演替机理的关键

个体小型化意味着植物在原生群落状态下的生态位发生收缩性“漂移”(Niche shifts)。生态位空间收缩了的植物种群，其群落功能、占据的资源空间都发生了变化。相应地，它们的生物生产能力，拓殖能力也都随之减弱，于是这个种群已不是原生群落意义上的这个种群了。换言之，原来高大的植物种群因个体小型化而变得低矮时，它与原本就矮小的植物种群在群落中的功能、资源利用等方面就更接近了。也正是生态位的收缩，使群落资源空间被部分地释放出来。家畜的选择性采食与种群生态位的变化使原来的重要性较低的种群在群落中的功能加强，使原来拓殖能力较差的种群加强了拓殖能力，从而导致群落中优势种更替事件即演替得以发生。

在此我们可以把草原群落的退化演替机理描述为：过度放牧导致群落植物个体小型化，小型化植物发生生态位空间的收缩和在群落结构中的作用能力下降，于是群落进行重组——优势种更替、结构改变，从而使退化演替得以发生。

2. 植物个体小型化导致退化草原群落生产力水平低下

退化草原群落归根到底是在人类长期过度利用下生产力降低，乃至完全丧失生产力的草原群落。在本章 3.1 节已经指出退化群落中植物的密度未表现出下降趋势，因此退化草原中一般不出现特指密度变化的稀疏化现象，故群落密度不是决定群落生产力在退化演替中下降的因素。在一个较长时间里认为土壤中资源贫瘠是导致退化草原生产力下降的原因，在本章 3.1 节已否定了这种认识。草原群落退化与恢复都不能改变大气降水，也不能改变 P、S 等生物地球化学循环的过程与速率。根据实地测定可以证明在退化群落中不存在 N、P 缺乏现象（关世英等，1997）。因此，认为退化草原群落土壤贫瘠的假定也不能成立。

众所周知，退化群落中的主要优势植物是一些生物生产能力较低、难以形成较大生物量的种群，可以认为优势种的改变是导致生产力下降的主要原因。进一步讨论，可以认识到这些种群植株低矮，个体小型，不能占据和利用较大的资源空间，这就限制了生物生产能力的提高。因此，又回到了个体小型化的问题上。

退化群落中植物的集体小型化如前文所述。根据测定，小型化个体的单株生产力约在正常植株的 1/3 以下，原本小型的种群也进一步小型化，使群落生产力大幅度下降。

3. 个体小型化是牧草对过度放牧的负反馈作用

个体小型化在导致群落生产力下降的同时，也作用于家畜，使之在单位草场面积上采食到的植物生物量也因之减少，从而减轻了实际放牧利用强度。由此可以看出个体小型化是草原生态系统中牧草对过度放牧进行负反馈调节的一种机制。这种反馈调节在草原生态系统中的作用是维持系统的“生存”，避免系统崩溃。当放牧强度保持在适度较低水平时，系统稳定于较高群落生产力水平。若放牧超过适度的范围，则系统又会稳定于较低的生产力水平，个体小型化所导致的群落生产力退化，将群落引入使放牧压力逐渐减轻、并最终与之相平衡的稳定状态，从而使生态系统维持“存活”。

3.3.8 结论

草原退化是在人为的过度扰动条件下草原生产力下降乃至丧失的群落状态。退化演替则是指草原群落生产力下降，并以优势种的更替为特征的演替过程。为了在理论上阐述草原群落生产力衰退，优势种更替的过程及导致这一过程的原因和作用，认为个体小型化是退化演替机理的关键性环节，但对各环节间的联系和途径的认识尚显不足，尤其在植物化学生态学方面尚属空白，有待深入研究。

退化群落恢复演替中的个体正常化是群落生产力恢复的关键，由此可以认为，凡能有效地促进个体正常化的措施都可用于促进退化群落的恢复。因此，个体正常化速率是衡量恢复演替与改良效果的尺度。

观测和分析退化与恢复演替过程，可认识到演替的实质是群落的重新组织。植物种群是群落重组的基础，个体是群落重组的基本单元。种群生态位或实际占据的资源空间是种群的生态学属性，群落重组以最大限度地适应环境为目标。植物个体大小的变化，使种群生态位也发生改变，因而必然引起群落在总体结构上的重新组织。可见，草原退化与恢复演替的群落重组正是通过植物个体大小发生改变来进行的。这种重组途径可能是以过度放牧为导因的退化-恢复演替与其他演

替类型间的重要区别。依据个体小型化与正常化过程中的阶段性特点，可以利用个体小型化程度的定量指标来描述草原生态系统受损程度或群落退化状态。因此，个体小型化程度对草原群落退化程度具有指示意义。退化-恢复演替过程不仅由群落动态和种群消长所反映，还有与之相伴随的个体大小的变化，而且可能涉及组织、细胞、植物化感作用等层次的变化。个体以下的研究层次与演替有关的变化已露端倪，值得深入研究。由此可以看出，群落演替也是一种复杂、深刻的生命活动。

因为退化-恢复演替过程具有多层次变化的复杂性和生命活动的性质，所以植物群落具有对强度不够大的扰动不做出响应的缓冲能力（如适度放牧条件下的群落状态）；对足够大的扰动有采取不同防卫对策的能力（如本节所讨论的个体小型化现象与机制）。

3.4 过度放牧引起的草原群落退化演替机理分析

过度放牧引起的草原退化，已成为生态学领域关注的重大科学问题。一直以来，众多学者从不同角度研究这一问题（李博，1984；姜恕，1988；李永宏，1988；白国华，1991；任继周和朱兴运，1995；王炜等，1996a，1996b；王炜等，2000a，2000b；汪诗平和李永宏，1999；侯扶江等，2002；曹鑫等，2006；Li et al.，2008；姜晔等，2010；周艳松和王立群，2011），并取得可观成果。然而仔细分析却发现这些结果并没有回答“过度放牧为什么会引起草原退化？”这一本质问题。实际上，对于这一问题的回答正是大家孜孜以求的目标。本节试图从胁迫条件下正相互作用的角度来阐述，期望跳出固有思维模式的束缚，从一个崭新的视角来重新认识这一生态学现象。

3.4.1 草原退化

1. 草原退化的本质特征与植物个体小型化

过度放牧引起的草原退化，其特征表现在群落和土壤两个方面。为了回答“过度放牧为什么会引起草原退化？”这一本质问题，首先应该找出草原退化的本质特征，这样，通过解释本质特征的成因来揭示问题的实质。那么，在诸多特征中，哪些是草原退化的本质特征呢？过度放牧引起的草原退化发生在不同的生态系统类型中，诸如：草甸草原、典型草原、荒漠草原、湿地、沙地，而在这些不同的生态系统中，均不同程度地表现出群落生产力下降和优势种群更替的现象（王炜等，1996a，2000a，2000b）。这说明群落生产力下降和优势种更替为过度放牧引起的草原退化的共性特征，不被某一具体生态系统所特有，而其他特征并未表现出这样的共性，比如，在土壤方面，最可能出现的共性特征是放牧引起的土壤紧实，却不适用于沙质土壤。因此，群落生产力下降和优势种群更替是过度放牧引起的草原退化的基本特征（王炜等，1996a，2000a，2000b），是问题的本质。通过为期11年对退化草原群落恢复演替过程中植物个体动态特征的监测证明植物个体小型化是过度放牧所致草原退化中联系导因与结果的机理性环节（王炜等，2000b），植物个体小型化使群落生产力下降，同时伴随优势种更替。植物个体小

型化现象及其生态作用可以很好地揭示过牧条件下草原退化所表现出的生产力锐减和优势种更替的机理，其过程见图 3-9。可见，只要我们能够解释过牧条件下的植物个体小型化现象，也就回答了“过度放牧为什么会引起草原退化？”这一本质问题。

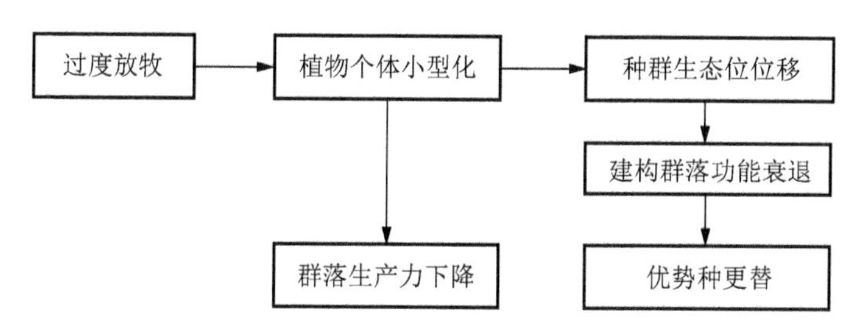

图 3-9　退化演替示意图

植物个体小型化被定义为在草原过度放牧条件下，草原植物植株变矮，叶片变短，节间缩短，以及植物根系分布浅层化等性状的集合（王炜等，2000a）。这些特征说明小型化为群落生产力下降的直接原因（表 3-8 和表 3-9）。

表 3-8　退化群落恢复演替过程中各生长季 8 个主要植物种群最大单株生物量（A）与营养生长高度（B）

种名	项目	时间/年										
		1983	1984	1985	1986	1987	1988	1989	1990	1991	1992	1993
羊草	A/（g/丛或株）	0.10	0.19	0.15	0.25	0.24	0.39	0.47	0.46	0.44	0.45	0.36
	B/cm	18.6	25.7	21.7	29.2	28.9	33.7	36.6	38.7	36.8	34.8	30.2
冷蒿	A/（g/丛或株）	0.42	1.92	1.39	4.62	4.02	3.85	4.70	4.98	4.26	2.34	2.09
	B/cm	7.9	28.0	23.2	10.8	10.7	11.2	12.8	25.0	12.0	14.8	13.3
糙隐子草	A/（g/丛或株）	0.27	0.32	0.19	0.29	0.46	0.27	0.31	0.74	0.69	0.59	0.59
	B/cm	7.4	11.0	9.6	10.6	8.6	13.0	11.4	14.6	12.3	11.3	10.4
大针茅	A/（g/丛或株）	0.33	1.08	0.99	0.99	1.20	1.39	1.56	4.35	2.90	3.54	1.62
	B/cm	20.1	31.0	28.0	34.0	33.3	41.2	45.3	47.9	50.1	37.1	37.2
米氏冰草	A/（g/丛或株）	0.10	0.67	0.34	0.50	0.93	0.55	0.36	1.46	0.90	1.39	1.18
	B/cm	12.9	25.7	20.9	27.4	19.7	22.7	25.4	30.1	23.9	26.8	23.2

续表

种名	项目	时间/年										
		1983	1984	1985	1986	1987	1988	1989	1990	1991	1992	1993
变蒿	A/（g/丛或株）	0.43	1.10	0.79	1.66	0.91	0.72	0.59	0.50	2.12	1.09	1.16
	B/cm	14.9	23.8	17.3	24.3	18.6	14.5	16.8	18.3	15.3	20.2	16.4
落草	A/（g/丛或株）	0.13	0.54	0.28	0.47	0.96	0.45	0.77	1.89	1.27	2.13	1.06
	B/cm	7.1	11.0	12.2	13.0	13.3	16.2	14.5	18.4	14.2	14.8	13.9
双齿葱	A/（g/丛或株）	0.19	0.31	0.16	0.20	0.27	0.31	0.28	0.51	0.39	0.78	0.58
	B/cm	13.1	12.8	15.0	14.0	14.3	16.5	17.3	16.5	14.9	19.0	19.5

表 3-9　退化与恢复群落中植物种群生物量与株高的比较

物种	株高			生物量		
	退化群落/cm	恢复群落/cm	比值	退化群落/（g/株）	恢复群落/（g/株）	比值
羊草	17.5	37.5	0.47*	0.12	0.45	0.27*
米氏冰草	13.5	31.5	0.43*	0.11	1.24	0.09*
大针茅	21.5	47.5	0.45*	0.36	4.35	0.08*
糙隐子草	7.5	12.5	0.60*	0.26	0.73	0.36*
落草	7.1	14.5	0.49*	0.14	1.87	0.07*
双齿葱	12.5	19.5	0.64*	0.18	0.59	0.31*

* 表示显著水平达 0.99；比值=退化群落株高（生物量）/恢复群落株高（生物量）。

在退化群落中植物个体小型化除了上述的个体性状特征外，还表现出以下反映退化本质的基本特点：第一，个体小型化是各植物种群在退化过程中的集体行为，也就是说在退化群落中，各植物种群，无论是家畜喜食的还是喜食差的均表现出小型化特征；第二，小型化个体在正常化过程中种群单株生物量出现突变，也就是说在恢复演替过程中，种群单株生物量会在演替的某一年突然增高，在此之前，其增加并不显著；第三，小型化过程与正常化过程均伴随着优势种群的更替且方向相反，也就是说草原的退化过程与恢复过程优势种群均发生变化，退化的草原群落围封后随着演替时间的推移能够向原生群落恢复。

2. 小型化的机理性解释及不足

一种说法曾尝试从家畜过量采食植物枝叶导致损失较多光合面积而影响光合

生产，引发植物根系浅层化，从而出现水分与矿质养分输送不足的“饥饿”状态的角度阐述小型化机理（王炜等，2000a）。这样的解释虽然符合植物学常识，但存在严重不足，因为它难以解释如下现象：其一，在退化群落中，无论家畜是否喜食，各种群均表现出小型化特征，这与放牧过程家畜的选择性取食相矛盾，不能解释个体小型化的集体行为；其二，在严重退化的群落中，无论增长种群还是衰退种群均已小型化，对增长的种群而言，处于“饥饿”的同时又要拓殖，令人费解；其三，营养不良通常使植物表现出一些病态特征，而处于“饥饿”中的小型化个体无病态特征显现；其四，如果是光合产物减少进而出现“饥饿”，那么，各种群的正常化过程将随着光合产物的积累以渐变方式得以实现，这与正常化过程中的突变性不一致。可见，这种关于小型化机理的解释不尽合理。

另一种说法认为，家畜的长期践踏使土壤表层形成难以透气、透水的紧实层（贾树海等，1997a，1997b），致使植物根系生长受到抑制从而导致植物个体小型化。这种认识可以解释非沙质土壤条件下植物个体小型化的集体行为，却不能解释小型化的其他特点，更不适用于沙质土壤条件下的植物个体小型化。

实际上，以上两种对小型化的解释只能解释小型化特征的某些方面而不能同时解释小型化的 3 个基本特点，那么，又该如何认识小型化的机理呢？

3.4.2　正相互作用

1. 正相互作用与胁迫梯度假说

什么是正相互作用（positive interactions）或易化（facilitation）呢？正相互作用或易化是相对负相互作用（negative interactions）或竞争（competition）而言的。在生态学中，严格界定一个概念非常困难（Bronstein，2009），对正相互作用同样如此。最通俗的解释为：正相互作用强调物种或个体间的相互帮助，就像竞争强调物种或个体间的相互妨碍一样。

既然竞争强调个体或物种之间的相互妨碍，而易化强调个体或者物种之间的“相互帮助”，那么，在自然界中，植物在“你死我活”地竞争有限资源的同时会“相互帮助”吗？事实确实如此（Callaway et al.，2002；Callaway，2007）。正是在胁迫环境条件下的大量实验研究激发了生态学界的浓厚兴趣，使人们意识到在自然界中易化（正相互作用）和竞争（负相互作用）一样，处处存在。也就是说，

在植物群落中，正相互作用与负相互作用同时存在，最终的结果取决于二者的相对强度，而这种相对强度又与群落所处的环境条件密切相关。因此也就产生了关于竞争与易化相互转化的“胁迫梯度假说”（Bertness and Callaway，1994；Brooker and Callaghan，1998；Maestre and Cortina，2004；Maestre et al.，2005；Lortie and Callaway，2006；Maestre et al.，2006）。该假说认为，随着环境胁迫的增加，正相互作用的重要性或强度增加，而负相互作用将减弱。正是由于正相互作用在群落中的重要作用，以“胁迫梯度假说”为核心的正相互作用的研究成为当前生态学研究的热点。

2. 放牧胁迫下的正相互作用

过度放牧对草原群落而言构成了一种胁迫，即放牧胁迫。既然“胁迫梯度假说”认为，在高压力条件下，群落中正相互作用居主导，那么，在放牧胁迫下，退化的草原群落中是否表现为正相互作用？答案是肯定的。在第 2 章 2.5 节中，通过种群空间格局已经证明在严重退化的群落中正相互作用居主导。既然已经证明退化草原群落中正相互作用占主导，这对草原退化而言意味着什么？草原退化所表现出来的本质特征或者说植物个体小型化与正相互作用之间是否存在本质联系？由于正相互作用同竞争一样能够改变群落结构和功能（Callaway，2007；He et al.，2012），如果我们能够通过正相互作用解释植物个体小型化现象及其生态作用，就可以揭示过牧条件下草原退化所表现出的生产力锐减和优势种更替的机理，也就说明过度放牧引起的草原退化是放牧胁迫下正相互作用的结果。

3.4.3 从正相互作用角度对草原退化的解读

大量研究证明正相互作用与负相互作用是改变群落结构和功能的基本动力（Callaway，2007）。过度放牧引起的草原退化的本质特征是群落生产力下降和优势种更替，这是群落结构和功能发生变化的外在表现。早在 1976 年 Atsatt 和 O′Dowd 在 *Science* 上发表了一篇关于植物防御草食动物方面的文章，他们认为在胁迫作用下，植物通过改变形态构成、分布状况等来实现相互帮助而抵制外界不利条件（Atsatt and O'Dowd，1976），也就是说，植物形态构成、分布状况等性状的变化是正相互作用的结果，这实际上是放牧胁迫下有关正相互作用的具有开创意义的工作（Callaway，2007；储诚进，2010），虽然长期以来未受重视。研究已经

证明在过度放牧引起的退化草原群落中正相互作用居主导，又在放牧胁迫下植物形态的变化是正相互作用的结果（Atsatt and O'Dowd，1976），故植物个体小型化当为放牧胁迫下正相互作用所致。

下面，我们通过正相互作用来解释从家畜过量采食植物枝叶导致损失较多光合面积而影响光合生产，引发植物根系浅层化，从而出现水分与矿质养分输送不足的“饥饿”状态的角度阐述小型化发生机理的 4 点不足，以论证正相互作用是植物个体小型化发生的内在机制。

首先，为什么在严重退化的群落中，无论家畜是否喜食，各种群均表现出小型化特征？也就是小型化为什么会表现出集体行为的特征？在严重退化群落中，由于过度放牧，各种群无一不受其影响，不管家畜是否喜食，均会受到采食和践踏，为了抵御这种胁迫，在正相互作用下，各种群通过改变个体形态（变得小型化）来防御家畜的不断采食，通过改变分布状态（提高小尺度范围内的种群密度，即嵌套双聚块的种群结构）来抵御践踏，改变形态和分布状态紧密联系在一起共筑抵御采食和践踏的防线。在严重退化群落中，为了生存，在强大的采食压力下，植物只能通过变小这唯一一条途径得以存活，故在这种特殊的压力下，各植物种群均表现出小型化特征。

其次，为什么在严重退化的群落中，无论增长种群还是衰退种群均已小型化，对于增长的种群而言，处于“饥饿”的同时又要拓殖？也就是说出现优势种群的更替呢？这可以从正相互作用的物种特异性角度解释，由于物种间存在差异，比如胁迫忍耐种与竞争种之分（Grime，1974），不同物种在胁迫条件下会表现出自己的特征。Liancourt 等较为系统地研究了正相互作用物种特异性问题（Liancourt et al.，2005），发现在胁迫条件下，胁迫忍耐种的相对多度变大，个体数增多，而竞争种反之。在严重退化的草原群落中，由于放牧胁迫的存在，竞争种受到限制，而胁迫忍耐种由于更接近其最佳生理生态学状态，种群得以拓殖，成为胁迫群落中的优势种，从而发生优势种群更替，比如，羊草+大针茅群落在过度放牧条件下退化演替为冷蒿+糙隐子草群落。

再次，为什么营养不良通常使植物表现出一些病态特征，而处于“饥饿”中的小型化个体无病态特征出现？也就是说为什么会出现植物根系浅层化？因为在严重退化群落中，植物种群个体小型化不是营养不良所致。在未退化群落中，由于竞争居主导，物种间地上地下竞争激烈，在竞争作用下，不同物种在各自的生态位上生存从而在群落中共存，地上地下存在分层现象。在严重退化群落，由于

放牧胁迫的存在，在正相互作用下，种群地上部分小型化，小型化的个体对养分和水分的需求减少，引起地下植物根系分布发生变化，原本需要从深层获取水分养分的物种，由于地上需求量的减少，只要在较浅的层次获取养分和水分就能满足地上的需求，故而出现植物根系浅层化。可见，植物个体小型化不是营养不良引起的，而是在放牧胁迫条件下，物种正相互作用所致，同时导致植物根系分布浅层化。

最后，如果是光合产物减少进而出现“饥饿”，那么，各种群的正常化过程将随着光合产物的积累以渐变方式得以实现，这与正常化过程中的突变性不一致，也就是说在种群正常化过程中为什么会出现突变现象？这主要是由于严重退化的群落围栏封育解除放牧压力后，放牧胁迫的影响逐渐消失，出现正相互作用向负相互作用的转化所致。在恢复演替的初期，群落中存在剩余资源，这时种群在剩余资源的驱动下，既无种内竞争亦无种间竞争，此时种群个体自由增长而表现为渐变。当种群个体增长到一定程度后，拥挤开始发生。在严重退化的群落中主要种群在小尺度范围内种群邻体密度明显高于恢复群落（王鑫厅，2013），这一点说明，拥挤首先在种群内发生。种内竞争率先导致自疏，种群斑块内出现剩余资源，在这些释放的资源的推动下种群个体又开始增长，种群出现第一次突变. 伴随着演替过程的发展，放牧胁迫的影响逐渐消失，种间竞争开始，竞争种群开始在群落中占据优势地位而胁迫忍耐种群衰退，胁迫忍耐种群衰退释放的资源使竞争种群个体增长出现第二次突变。这是我们对于小型化种群个体正常化过程中个体增长出现突变的解释，与小型化种群在正常化过程中出现两次峰值及退化群落在恢复演替过程中出现两次亚稳态相吻合，从而进一步说明关于小型化个体在正常化过程中出现突变是由于在放牧胁迫下正相互作用向负相互作用的转化所致。

上文的解释，实际上已从放牧胁迫下的正相互作用的角度阐明了前文所归纳的小型化的 3 点基本特征，回答了过度放牧条件下草原退化为什么会表现出群落生产力下降和优势种更替这样的本质特征，从机理上回答了“过度放牧为什么会引起草原退化”这一本质问题。

至此，我们将过度放牧引起的草原退化及所表现出的小型化特征统一到正相互作用与负相互作用转化的生态学基本框架内。通过正相互作用解释了植物个体小型化，从机理上阐述了小型化发生的内在机制，对于从正相互作用的角度认识过度放牧引起的草原退化，揭开了崭新的一页，期望能够引起广大生态学界同仁的关注。

参考文献

白国华，1991. 锡林郭勒盟草原利用现状及对策[J]. 中国草地，(3)：63-66.

曹鑫，辜智慧，陈晋，等，2006. 基于遥感的草原退化人为因素影响趋势分析[J]. 植物生态学报，30(2)：268-277.

储诚进，2010. 植物间正相互作用对种群动态与群落结构的影响研究[D]. 兰州：兰州大学.

关世英，齐沛钦，康师安，等，1997. 不同牧压强度对草原土壤养分含量的影响初析[A]. 见中国科学院海北高寒草甸生态系统定位站. 草原生态系统研究（第 5 集）[C]. 北京：科学出版社：17-22.

何婕平，康师安，关世英，1994. 主成分分析在研究土壤养分评价中的应用[J]. 内蒙古林学院学报，16(2)：52-57.

侯扶江，南志标，肖金玉，等，2002. 重牧退化草地的植被、土壤及其耦合特征[J]. 应用生态学报，13(8)：915-922.

贾树海，崔学明，李绍良，等，1997a. 牧压梯度上土壤理化性质的变化[J]. 草原生态系统研究，5：251-253.

贾树海，李绍良，陈有君，等，1997b. 草场退化与恢复改良过程中土壤物理性质和水分状况初探[J]. 草原生态系统研究，5：111-117.

姜恕，1988. 草原的退化及其防治策略初探[J]. 资源科学，1(2)：1-7.

姜晔，毕晓丽，黄建辉，等，2010. 内蒙古锡林河流域植被退化的格局及驱动力分析[J]. 植物生态学报，34：1132-1141.

李博，1984. 草原及其利用与改造[M]. 北京：中国农业出版社：545-566.

李继侗，1986. 李继侗文集[M]. 北京：科学出版社：274-277.

李永宏，1988. 内蒙古锡林河流域羊草草原和大针茅草原在放牧影响下的分异与趋同[J]. 植物生态学与地植物学学报，12(3)：189-197.

李政海，王炜，刘钟龄，1994. 火烧对典型草原改良的效果[J]. 干旱区资源与环境，8(4)：51-60.

任继周，朱兴运，1995. 中国河西走廊草地农业的基本格局和它的系统相悖：草原退化的机理初探[J]. 草业学报，4(1)：69-79.

汪诗平，李永宏，1999. 内蒙古典型草原退化机理的研究[J]. 应用生态学报，10(4)：437-441.

王炜，梁存柱，刘钟龄，等，2000a. 草原群落退化与恢复演替中的植物个体行为分析[J]. 植物生态学报，24(5)：268-274.

王炜，梁存柱，刘钟龄，等，2000b. 羊草＋大针茅草原群落退化演替机理的研究[J]. 植物生态学报，24(3)：468-472.

王炜，梁存柱，刘钟龄，等，1999. 内蒙古草原退化群落恢复演替的研究：IV. 恢复演替过程中植物种群动态的分析[J]. 干旱区资源与环境，13(4)：44-45.

王炜，刘钟龄，郝敦元，等，1996a. 内蒙古草原退化群落恢复演替的研究：Ⅰ.退化草原的基本特征与恢复演替动力[J]. 植物生态学报，20(5)：449-459.

王炜，刘钟龄，郝敦元，等，1996b. 内蒙古草原退化群落恢复演替的研究：Ⅱ.恢复演替时间进程的分析[J]. 植物生态学报，20(5)：460-471.

王鑫厅，梁存住，王炜，2013. 尺度与密度：测定不同尺度下的种群密度[J]. 植物生态学报，37(2)：104-110.

熊文愈，骆林川，1989. 植物群落演替研究概述[J]. 生态学进展，6(4)：229-236.

中国科学院内蒙古宁夏综合考察队，1985. 内蒙古植被[M]. 北京：科学出版社.

周艳松，王立群，2011. 星毛委陵菜根系构型对草原退化的生态适应[J]. 植物生态学报，35(5)：490-499.

Atsatt P R, O'Dowd D, 1976. Plant defense guilds[J]. Science, 193(4247): 24-29.

Bertness M D, Callaway R M. 1994. Positive interactions in communities[J]. Trends in Ecology and Evolution, 9(5): 191-193.

Bronstein J L, 2009. The evolution of facilitation of facilitation and mutualism[J]. Journal of Ecology, 97: 1160-1170.

Brooker R W, Callaghan T V, 1998. The balance between positive and negative plant interactions and its relationship to environmental gradients: A model[J]. Oikos, 81(1): 196-207.

Bryant J P I, Heitkoning P K, Uropat N, et al., 1991. Effects of severe defoliation on the long-term resistance to insect attack and on leaf chemistry in six woody species of the Southern African savanna[J]. American Naturalist, 137(1): 50-63.

Callaway R M, 2007. Positive interactions and interdependence in plant communities[M]. The Netherlands: Springer: 179-254.

Callaway R M, Brooker R W, Choler P, et al., 2002. Positive interactions among alpine plants increase with stress[J]. Nature, 417(6 891): 844-848.

Connell J H, Statyer R O, 1977. Mechanism of succession in natural communities and their role in community stability and organization[J]. American Naturalist, 111(982):1119-1144.

Giller P S, 1984. Community structure and the niche[M]. London: Chapman and Hall.

Grime J P, 1997. Evidence for the existence of three primary strategies in plants and its relevance to ecological and evolutionary theory[J]. American Naturalist, 111(982): 1169-1194.

Grime J P, 1988.The C-S-R model of primary plant strategies-origins,implications and tests[M]. London: Chapman and Hall: 371-393.

Grime J P, 1979. Plant strategies and vegetation processes[M]. Wiley: Chichester.

Grime J P, 1974. Competitive exclusion in herbaceous vegetation[J]. Nature, 242(5396): 344-347.

Harborne J B, 1982. Introduction to ecological biochemistry[M]. London: Academic Press.

He Q, Cui B, Bertness M D, et al., 2012.Testing the importance of plant strategies on facilitation using congeners in a coastal community[J]. Ecology, 93(9): 2023-2029.

Li Y, Wang W, Liu Z, et al., 2008. Grazing gradient versus restoration succession of *Leymus chinensis* (Trin.) Tzvel. grassland in Inner Mongolia[J]. Restoration Ecology, 16: 572-583.

Liancourt P, Callaway R M, Michalet R, 2005. Stress tolerance and competitive-response ability determine the outcome of biotic interactions[J]. Ecology, 86(6): 1611-1618.

Lortie C J, Callaway R M, 2006. Re-analysis of meta-analysis: Support for the stress-gradient hypothesis[J]. Journal of Ecology, 94(1): 7-16.

MacArthur R H, 1957. On the relative abundance of bird species[J]. Proceedings of the National Academy of Sciences, 43(3): 293-295.

Macmahon J A, 1980. Ecosystems over time: succession and other types change[M]. Corvallis: Oregon State University Press: 27-58.

Maestre F T, Cortina J, 2004. Do positive interactions increase with abiotic stress? A test from a semi-arid steppe[J]. Proceedings of the Royal Society of London-Biological Sciences, 271(5): S331-S333.

Maestre F T, Valladares F, Reynolds J F, 2006. The stress-gradient hypothesis does not fit all relationships between plant-plant interactions and abiotic stress: Further insights from arid environments[J]. Journal of Ecology, 94(1): 17-22.

Maestre F T, Valladares F, Reynolds J F, 2005. Is the change of plant-plant interactions with abiotic stress predictable? A meta-analysis of field results in arid environments[J]. Journal of Ecology, 93(4): 748-757.

May R M, 1981. Patterns in multi-species community[M]. In: Theoretical Ecology (R M May, Ed). Sinaur Asoc., Sunderland, MA, 197-727.

May R M, 1975. Pattern of species abundance and diuersity[M]. In: Ecology and Evolution of communities (M. L. Cody), 81-120.

Mihaliak C A, Lincoln D E, 1989. Plant biomass partitioning and chemical defence: response to defoliation and nitrate limitations[J]. Oecologia, 80(1): 122-126.

Minshall G W, Petersen R C, Nimz C F., 1985. Species richness in streams of different size from the same drainage basin[J]. American Naruralist, 125(1): 16-38.

Preston F W, 1948. The commonness and rarity of species[J]. Ecology, 29(3): 254-283.

Thompson A C, 1987.The chemistry of allelopathy: Biochemical interactions among plants[J]. New York: American Chemical Society.

Tilman D, 1994. Competition and biodiversity in spatially structured habitats[J]. Ecology, 75(1): 2-16.

Whittaker R H, 1970. The population structure of vegetation[M]. Dordrecht: Springer Neterlands: 39-59.

Whittaker R H, Goodman D, 1979. Classifying species according to their demographic strategy. I. Population fluctuations and environmental heterogeneity[J]. American Naturalist, 113(2): 185-200.